中国科协创新战略研究院智库成果系列丛书·专著系列

第三方评估

（第一辑）

中国科协创新战略研究院　编著

中国科学技术出版社

·北　京·

图书在版编目（CIP）数据

第三方评估 . 第一辑 / 中国科协创新战略研究院编著 . -- 北京：中国科学技术出版社，2022.12

（中国科协创新战略研究院智库成果系列丛书 . 专著系列）

ISBN 978-7-5046-9360-0

Ⅰ. ①第⋯ Ⅱ. ①中⋯ Ⅲ. ①科学技术 – 评估 – 研究 – 中国
Ⅳ. ① G311

中国版本图书馆 CIP 数据核字（2021）第 246243 号

策划编辑	王晓义
责任编辑	王　颖
装帧设计	中文天地
责任校对	焦　宁
责任印制	徐　飞

出　　版	中国科学技术出版社
发　　行	中国科学技术出版社有限公司发行部
地　　址	北京市海淀区中关村南大街 16 号
邮　　编	100081
发行电话	010-62173865
传　　真	010-62173081
网　　址	http://www.cspbooks.com.cn

开　　本	720mm×1000mm　1/16
字　　数	185 千字
印　　张	11.5
版　　次	2022 年 12 月第 1 版
印　　次	2022 年 12 月第 1 次印刷
印　　刷	北京中科印刷有限公司
书　　号	ISBN 978-7-5046-9360-0 / G・986
定　　价	99.00 元

中国科协创新战略研究院智库成果系列丛书编委会

本书编写组

主　编　任福君　赵立新

副主编　赵正国

编　委　张　丽　赵　宇　邓元慧　董　阳　顾梦琛　徐　丹

　　　　梁思琪　王　萌

总　序

2013 年 4 月，习近平总书记首次提出建设"中国特色新型智库"的指示。2015 年 1 月，中共中央办公厅、国务院办公厅印发了《关于加强中国特色新型智库建设的意见》，成为中国智库的第一份发展纲领。党的十九大报告更加明确指出要"加强中国特色新型智库建设"，进一步为新时代我国决策咨询工作指明了方向和目标。当今世界正面临百年未有之大变局，我国正处于并将长期处于复杂、激烈和深度的国际竞争环境之中，这都对建设国家高端智库并提供高质量咨询报告，支撑党和国家科学决策提出了新的更高的要求。

建设高水平科技创新智库，强化对全社会提供公共战略信息产品的能力，为党和国家科学决策提供支撑，是推进国家创新治理体系和治理能力现代化的迫切需要，也是科协组织服务国家发展的重要战略任务。中共中央办公厅、国务院办公厅印发的《关于加强中国特色新型智库建设的意见》，要求中国科学技术协会（简称"中国科协"）在国家科技战略、规划、布局、政策等方面发挥支撑作用，努力成为创新引领、国家倚重、社会信任、国际知名的高端科技智库，明确了科协组织在中国特色新型智库建设中的战略定位和发展目标，为中国科协建设高水平科技创新智库指明了发展目标和任务。

科协智库相较其他智库具有自身的特点和优势。其一，科协智库能够充分依托系统的组织优势。科协组织涵盖了全国学会、地方科学技术协会、学会及基层组织，网络体系纵横交错、覆盖面广，这是科协智库建设所特有的组织优势，有利于开展全国性的、跨领域的调查、咨询、评估工作。其二，科协智库拥有广泛的专业人才优势。中国科协业务上管理210多个全国学会，涉及理科、工科、农科、医科和交叉学科的专业性学会、协会和研究会，覆盖绝大部分自然科学、工程技术领域和部分综合交叉学科及相应领域的人才，在开展相关研究时可以快速精准地调动相关专业人才参与，有效支撑决策。其三，科协智库具有独立第三方的独特优势。作为中国科技工作者的群团组织，科协不是政府行政部门，也不受政府部门的行政制约，能够充分发挥自身联系广泛、地位超脱的特点，可以动员组织全国各行业各领域广大科技工作者，紧紧围绕党和政府中心工作，深入调查研究，不受干扰地独立开展客观评估和建言献策。

中国科协创新战略研究院是中国科协专门从事综合性政策分析、调查统计及科技咨询的研究机构，是中国科协智库建设的核心载体，始终把重大战略问题、改革发展稳定中的热点问题、关系科技工作者切身利益的问题等党和国家所关注的重大问题作为选题的主要方向，重点聚焦科技人才、科技创新、科学文化等领域开展相关研究，切实推出了一系列特色鲜明、国内一流的智库成果，完成《国家中长期科学和技术发展规划纲要（2006—2020年）》评估，开展"双创"和"全创改"政策研究，服务中国科协"科创中国"行动，有力支撑科技强国建设；实施老科学家学术成长资料采集工程，深刻剖析科学文化，研判我国学术环境发展状况，有效引导科技界形成良好生态；调查反映科技工作者状况诉求，摸清我国科技人才分布结构，探索科技人才成长规律，为促进人才发展政策的制定提供依据。

为了提升中国科协创新战略研究院智库研究的决策影响力、学术影响力、社会影响力，经学术委员会推荐，我们每年遴选一部分优秀成果出版，以期对党和国家决策及社会舆论、学术研究产生积极影响。

呈现在读者面前的这套《中国科协创新战略研究院智库成果系列丛

书》，是中国科协创新战略研究院近年来充分发挥人才智力和科研网络优势所形成的有影响大的系列研究成果，也是中国科协高水平科技创新智库建设所推出的重要品牌之一，既包括对决策咨询的理论性构建、对典型案例的实证性分析，也包括对决策咨询的方法性探索；既包括对国际大势的研判、对国家政策布局的分析，也包括对科协系统自身的思考，涵盖创新创业、科技人才、科技社团、科学文化、调查统计等多个维度，充分体现了中国科协创新战略研究院在支撑党和政府科学决策过程中的努力和成绩。

衷心希望本系列丛书能够对科协组织更好地发挥党和政府与广大科技工作者的桥梁纽带作用，真正实现为科技工作者服务、为创新驱动发展服务、为提高全民科学素质服务、为党和政府科学决策服务，有所启示。

绪　　论

纵观我国开展评估评价活动的历史，开展第三方评估比较多的是各类科技社团。中国科学技术协会（以下简称"中国科协"）作为我国最大的科技社团，自成立之日起，就与决策咨询、评估评价结下了不解之缘，曾经组织所属全国学会和各级科协组织，动员团结广大科技工作者，完成了许多重大决策的咨询和评估评价工作。特别是党的十八大以来，中国科协积极探索开展独立第三方科技评估工作，推动建立国家科技评估制度，取得了显著进展和良好成效，产生了广泛而深远的影响。

2014 年下半年，中国科协向中央有关领导同志报送了《中国科协关于开展独立第三方科技评估工作推动建立国家科技评估制度的报告》，得到了有关领导同志的批示，正式开启了探索开展第三方科技评估工作的序幕。

经过多年探索，中国科协开展第三方科技评估工作的政策保障体系已经初步健全，并日趋完善。

国家层面出台的相关重要政策文件对开展第三方评估工作提出了明确要求。国务院重视利用第三方评估促进政府管理方式改革创新，为中国科协第三方评估工作的顺利开展提供了政策保障。据不完全统计，相关政策文件主要包括《中国科协所属学会有序承接政府转移职能扩大试点工作实施方案》（中共中央办公厅、国务院办公厅 2015 年 7 月印发）、《深化科技体制改革实施方案》（中共中央办公厅、国务院办公厅 2015 年9 月印发）、《科协系统深化改革实施方案》（中共中央办公厅 2016 年 3

月印发）等。

在国家层面相关政策的引导和激励下，中国科协结合自身优势，陆续出台了相关工作方案和通则规范，为实际推进和有效开展第三方科技评估工作提供了制度保障和规范指导。据不完全统计，相关政策文件主要包括《中国科协创新评估组织体系建设方案》（2014年12月印发）、《中国科协关于开展创新评估试点的工作方案》（2014年12月印发）、《中国科协关于建设高水平科技创新智库的意见》（2015年9月印发）、《中国科协高水平科技创新智库建设"十三五"规划》（2016年4月印发）、《科协系统第三方评估导则》、《科协系统第三方评估导则实施细则》（2017年7月印发）及《面向建设世界科技强国的中国科协规划纲要》（2018年12月印发）等。

随着政策支持和制度规范体系的不断健全和持续完善，科协系统第三方评估实践蓬勃开展起来，影响也与日俱增。据不完全统计，中国科协、中国科协创新战略研究院、部分中国科协所属全国学会受托开展的重大第三方评估工作主要如下。

中国科协2015年受国务院办公厅委托，承担"大众创业、万众创新"政策措施落实情况评估和基层公共医疗设施建设、使用和管理政策措施落实情况评估工作；同年，受国家科技体制改革和创新体制建设领导小组办公室委托，承担职称改革和事业单位高层次人才收入分配激励机制评估工作；2016年受中央人才工作协调小组委托，承担《国家中长期人才发展规划纲要（2010—2020年）》实施情况中期评估工作；自2016年起，受国家发展和改革委员会委托，承担全面创新改革试验评估和国家"双创"示范基地建设与进展情况评估工作；2018年受科学技术部委托，承担《国家中长期科学和技术发展规划纲要（2006—2020年）》实施情况评估工作；2020年受中央人才工作协调小组委托，承担《国家中长期人才发展规划纲要（2010—2020年）》重大人才工程实施情况总结评估工作；2020年受全国人民代表大会教育科学文化卫生委员会办公室委托，承担《中华人民共和国传染病防治法》修改完善的第三方评估工作。

中国科协创新战略研究院于2016年受北京生命科学研究所委托，承担北京生命科学研究所绩效第三方评估工作；2017年受国家知识产权局委托，承担我国知识产权保护和运用政策落实情况评估工作；2018年受科学技术部政策法规与创新体系建设司委托，承担激发科技工作者和科研机构积极性专题评估工作；2020年受科学技术部战略规划司委托，承担"十三五"时期我国基础研究与原始创新能力评估工作。

受科学技术部基础研究司委托，中国科协所属部分全国学会开展了国家重点实验室评估工作。中国化学会承担了2014年度化学领域国家重点实验室评估工作；中国物理学会承担了2015年度数理领域国家重点实验室评估工作；国家遥感中心会同中国地理学会承担了2015年度地理科学领域国家重点实验室评估工作；中国生物技术发展中心会同中国科协生命科学学会联合体承担了2016年度生物领域和医学领域国家重点实验室评估工作；中国科协信息科技学会联合体承担了2017年度信息领域的国家重点实验室评估工作；中国科协先进材料学会联合体、中国科协智能制造学会联合体分别承担了2018年度材料领域国家重点实验室评估、工程领域国家重点实验室评估工作。

此外，河南省科协等地方科协也接受本省相关部门委托，开展了一些第三方评估工作，取得了良好效果。

综合来看，在国家层面相关政策的引导和激励下及有关部门委托支持下，中国科协充分发挥自身组织优势和学术影响，团结凝聚广大科技工作者积极开展第三方评估工作，取得了实质性突破和历史性成就。科协系统第三方评估工作已经成为中国科协高水平科技创新智库建设和决策咨询工作的亮点之一，为中国科协更好履行为党和政府科学决策服务的职责，为促进国家重大政策方针和重大任务部署更好的落地实施，为推进政府决策科学化、民主化等做出了重要贡献。

目前，世界正面临百年未有之大变局，处在新一轮科技革命和产业变革、国际经济合作和竞争格局变化的历史新起点，中国科协如何更好地发挥第三方评估的作用，值得研究和探讨。我们认为，本着"传承中发展，发展中创新"的原则，及时总结中国科协第三方评估的历史经验特别是可复制可推广的成功做法，客观分析研究存在的问题及产生原因，对未来进一步做好第三方评估工作提出建议，是科协智库建设一线工作者义不容辞的责任和义务。

为客观呈现中国科协第三方评估工作的重要成就，充分展示近年来中国科协创新战略研究院开展第三方评估和专项课题研究支撑国家重大政策制定等方面的重要成果，也为响应科协系统从事评估评价研究实践工作同人的呼声，2020年年初，中国科协创新战略研究院启动了《第三方评估（第一辑）》一书的编撰工作。本书优选收录了2016—2019年6项中国科协创新战略研究院开展的有决策影响力的第三方评估项目，涵盖科技战略规划实施情况评估、科技创新政策落实情况评估、科研机构绩效与基地建设情况评估等内容。这些评估项目分析了我国科技、经济和社会发展的重点、热点和前沿问题，内容丰富新颖，结论科学可信，充分体现了中国科协创新战略研究院第三方评估工作的科学性、规范性、创造性和示范性。

本书主要包括7个章节。

第一章概略介绍我国第三方评估工作和科协系统第三方评估工作总体情况，并对第三方评估理论体系、中国科协开展第三方评估的特色特点、理论创新与实践意义等进行简要述评。

第二章至第七章选取"大众创业、万众创新"政策措施落实情况评估（2015年），基层公共医疗设施建设、使用和管理政策措施落实情况评估，《国家中长期科学和技术发展规划纲要（2006—2020年）》实施情况评估，国家"双创"示范基地建设与进展情况评估，全面创新改革试验评估和北京生命科学研究所绩效第三方评估等6个案例，从评估背景或评估概况、评估方案、评估发现等方面进行论述和深入分析。

本书是中国科协创新战略研究院智库系列报告中第一部以第三方评估为主题的专著。希望本书及系列图书的出版，有助于提升中国科协创新战略研究院智库乃至科协系统智库的社会影响力和公众影响力，为进一步推进科协系统第三方评估工作提供有力支撑，为有关各方更好地开展第三方评估工作提供参考。

目 录
CONTENTS

第一章
第三方评估概况

中国科协第三方评估工作是在党和国家高度重视第三方评估和中国科协大力建设国家高端科技创新智库的历史背景下进行的，具有一定的历史必然性和现实重要性。中国科协第三方评估工作的顺利开展得益于相关理论研究的成果，同时又为丰富完善这些理论提供了生动的案例。本章重点介绍我国第三方评估工作和科协系统第三方评估工作开展状况，分析我国第三方评估理论研究主要进展，以便读者对我国第三方评估实践和理论有一个总体认识。

一、我国第三方评估工作开展概况

（一）党和政府重视

党的十八大之后，第三方评估开始受到我国各界的普遍关注和高度重视。党中央非常重视评估工作，多次听取重要工作的评估报告。2018 年 7 月 6 日，中央全面深化改革委员会第三次会议审议通过了《关于推进政府购买服务第三方绩效评价工作的指导意见》等政策文件，强调"推进政府购买服务第三方绩效评价工作，要针对当前政府购买服务存在的问题，积极引入第三方机构对购买服务行为的经济性、规范性、效率性、公平性开展评价，提高规范化、制度化管理水平，提升财政资金效益和政府公共服务管理水平"。2019 年 1 月 23 日，中央全面深化改革委员会第六次会议召开，会议审议通过了《党的十八大以来全面深化改革落实情况总结评估报告》等重要文件。会议指出，要抓紧完成党的十八届三中全会部署的改革任务，多抓根本性、全局性、制度性的重大改革举措，多抓有利于保持经济健康发展和社会大局稳定的改革举措，多抓有利于增强人民群众获得感、幸福感、安全感的改革举措，多抓对落实已出台改革方案的评估问效。2019 年 11 月 26 日，中央全面深化改革委员会第十一次会议召开，会议审议通过了《党的十八届三中全会以来全面深化改革评估报告》等重要文件。2020 年 12 月 3 日，中共中央政治局常务委员会召开会议，听取脱贫攻坚总结评估汇报。在这些重要工作的评估过程中，都不同程度地开展了第三方评估工作，吸纳了第三方的评估结论和建议。

国务院和地方政府也非常重视第三方评估工作，积极利用第三方评估促进政府管理方式改革创新。据初步统计，2013 年 9 月至 2014 年 8 月，李克强总理先后 7 次在国务院常务会议上专门谈及第三方评估（表 1-1）。2014 年被部分学者称为"中国第三方评估的元年"。在这一年，国务院对重点政策落实情况进行督查时引入了第三方评估，这是国务院督查工作的一个创新。此后，国务院及有关部门、地方政府开始大规模地引入第三方评估。总的来看，我国第三方评估工作制度和政策保障体系已初步建立，实践探索蓬勃开展，成效非常突出。

表 1-1　2013 年 9 月至 2014 年 8 月国务院常务会议涉及第三方评估相关内容

会议时间	第三方评估相关内容
2013 年 9 月 6 日	会议专门听取了中华全国工商业联合会对国务院关于鼓励和引导民间投资健康发展有关政策措施贯彻落实情况第三方调查评估（国家发展和改革委员会委托）的汇报。这是李克强总理首次在国务院常务会议上专门听取第三方评估。会议强调，各部门要强化对政策落实情况的督查考核，注重引入社会力量开展第三方评估，接受各方监督，不能"自拉自唱"
2013 年 10 月 8 日	要创造条件，采取第三方评估等方式加强监督，依法公开信息，提高透明度，及时曝光和严惩违法违规行为，让公共资金在阳光下运行，建设廉洁政府，真正做到政府过紧日子、人民过好日子

续表

会议时间	第三方评估相关内容
2014 年 3 月 19 日	强化公开，引入第三方评估，接受人民监督。各部门、各单位落实分工的具体措施要抓紧上报，国务院将加强督促检查，确保任务落实到位、取得实效
2014 年 5 月 30 日	这次督查要注重创新，既有各级政府的自查与实地检查、又要引入第三方评估和社会评价，既督地方、也督部门
2014 年 7 月 16 日	各地区、各部门要构建常态化督查机制，加强上下联动和工作协调，建立第三方评估制度，接受社会评议和监督
2014 年 7 月 23 日	各有关部门要抓紧制定实施配套办法，定期督促检查，引入第三方评估，确保政策尽快落实、见到实效
2014 年 8 月 27 日	第三方评估对政府工作既是监督，也是推动，要形成制度。对发现的问题，相关部门要落实责任，抓紧整改，使政策落实成为一场"接力赛"，确保"抵达终点"，让群众得到更多实惠

资料来源：中华人民共和国中央人民政府官方网站。

（二）政策保障

国家层面出台的相关重要政策文件对开展第三方评估工作提出了明确要求，国务院重视利用第三方评估促进政府管理方式改革创新，为我国第三方评估工作顺利开展提供了政策保障。

2012 年 9 月，中共中央、国务院印发的《关于深化科技体制改革加快国家创新体系建设的意见》提出，"建立健全对科技项目和科研基础设施建设的第三方评估机制"，"发挥科技社团在科技评价中的作用"。

2014 年 10 月，中国共产党第十八届中央委员会第四次全体会议通过的《中共中央关于全面推进依法治国若干重大问题的决定》提出："对部门间争议较大的重要立法事项，由决策机关引入第三方评估，充分听取各方意见，协调决定，不能久拖不决。"

2015 年 7 月，中共中央办公厅、国务院办公厅印发的《中国科协所属学会有序承接政府转移职能扩大试点工作实施方案》将相关科技评估列为扩大试点工作的 4 项主要内容之一，并要求"充分发挥科技社团在科技评价中独立第三方作用，推动建立健全科技评估制度，提供宏观层面的战略评估"。

2015 年 9 月，中共中央办公厅、国务院办公厅印发的《深化科技体制改革实施方案》提出："建立统一的国家科技计划监督评估机制，制定监督评估通则和标准规范，强化科技计划实施和经费监督检查，开展第三方评估。"

2016 年 3 月，中共中央办公厅印发的《科协系统深化改革实施方案》提出："扎实开展第三方创新评估工作，树立品牌、扩大影响，发挥好对学会和地方科协的示范引领作用，服务创新驱动发展战略。"

2016 年 10 月，中共中央办公厅、国务院办公厅印发的《关于建立健全国家"十三五"规划纲要实施机制的意见》提出："建立年度监测评估机制。……充分发挥国家'十三五'规划专家委员会工作机制作用，根据需要可委托开展第三方评估。"该意见同时提出："完善中期评估和总结评估机制。……要充分借助智库等专业资源，全面开展第三方评估。"

2017 年 12 月，经中央全面深化改革领导小组第一次会议审议通过，全国人大常委会办公厅印发了《关于争议较大的重要立法事项引入第三方评估的工作规范》。

2018 年 7 月，中共中央办公厅、国务院办公厅印发的《关于深化项目评审、人才评价、机构评估改革的意见》提出："坚持分类评价。……应用技术开发和成果转化评价突出企业主体、市场导向，以用户评价、第三方评价和市场绩效为主。"该意见同时提出："加强国家科技计划绩效评估。……绩效评估通过公开竞争等方式择优委托第三方开展，以独立、专业、负责为基本要求，充分发挥第三方评估机构作用，根据需要引入国际评估。加强对第三方评估机构的规范和监督，逐步建立第三方评估机构评估结果负责制和信用评价机制。"该意见还提出："加大推进力度。加强政府部门、用人单位、学术共同体、第三方评估机构等各类评价主体间的相互配合和协同联动，强化'三评'之间的统筹协调。"

2018 年 9 月，国务院办公厅印发的《国务院关于推动创新创业高质量发展打造"双创"升级版的意见》提出："细化关键政策落实措施。开展'双创'示范基地年度评估，根据评估结果进行动态调整。定期梳理制约创新创业的痛点堵点问题，开展创新创业痛点堵点疏解行动，督促相关部门和地方限期解决。对知识产权保护、税收优惠、成果转移转化、科技金融、军民融合、人才引进等支持创新创业政策措施落实情况定期开展专项督查和评估。"

2020 年 7 月，国务院办公厅印发的《国务院办公厅关于提升大众创业万众创新示范基地带动作用　进一步促改革稳就业强动能的实施意见》提出："各地区、各部门要认真贯彻落实党中央、国务院决策部署，抓好本意见的贯彻落实。发展改革委要会同有关部门加强协调指导，完善双创示范基地运行监测和第三方评估，健全长效管理运行机制，遴选一批体制改革有突破、持续创业氛围浓、融通创新带动强的区域、企业、高校和科研院所，新建一批示范基地。对示范成效明显、带动能力强的双创示范基地要给予适当表彰激励，对示范成效差的要及时调整退出。"

在部委层面，2015 年 5 月，民政部发布《关于探索建立社会组织第三方评估机制的指导意见》；2019 年 2 月，国家市场监管管理总局发布《公平竞争审查第三方评估实施指南》。

在地方政府层面，2014 年，湖南省在全国率先引入第三方评估方式，制定了《湖南省全面深化改革第三方评估办法（试行）》；2015 年 11 月，江苏省印发《关于开展重大政策举措第三方评估的实施意见》；2016 年 1 月，山东省青岛市印发《市政府决策落实第三方评估办法（试行）》。

（三）实践探索

根据对国务院官方网站和其他相关网站信息的不完全统计，国务院及有关部委、地方政府委托开展了一系列第三方评估工作（表 1-2、表 1-3）。

表 1-2　2014 年以来国务院委托开展的第三方评估工作

委托时间	承担单位	第三方评估任务名称
2014 年 6 月	国家行政学院	"取消和下放行政审批事项、激发企业和市场活力"政策措施落实情况第三方评估

续表

委托时间	承担单位	第三方评估任务名称
2014 年 6 月	中华全国工商业联合会	"落实企业投资自主权、向非国有资本推出一批投资项目"政策措施落实情况第三方评估
	中国科学院	"重大水利工程及农村饮水安全"政策措施落实情况第三方评估
	国务院发展研究中心	"加快棚户区改造、加大保障性安居工程建设力度"和"实行精准扶贫，今年再减少贫困人口1000 万以上"政策措施落实情况第三方评估
2015 年 7 月	中国科学院	"实施精准扶贫、精准脱贫"政策措施落实情况第三方评估
	国务院发展研究中心	"增加公共产品和公共服务供给"政策措施落实情况第三方评估
	国家行政学院	"简政放权、放管结合、优化服务"政策措施落实情况第三方评估
	中国科协	"大众创业、万众创新"政策措施落实情况第三方评估
	中华全国工商业联合会	"全面支持小微企业发展"政策措施落实第三方评估
	中国国际经济交流中心	"实施长江经济带发展战略"政策措施落实第三方评估
	北京大学	"金融支持实体经济"政策措施落实情况第三方评估
	中国（海南）改革发展研究院	"简政放权、放管结合、优化服务"政策措施落实第三方评估
2016 年	国务院发展研究中心、国家行政学院、中华全国工商业联合会	促进民间投资在政策落实、政府管理服务和投资环境等方面存在的问题和典型做法。国务院发展研究中心对法规政策制定落实方面开展评估；国家行政学院对政府管理服务方面开展评估；中华全国工商业联合会对市场环境方面开展评估
2017 年	国家行政学院	促进民间投资政策措施落实情况第三方评估
2017 年	中华全国工商业联合会	推进"双创"政策落实情况第三方评估

资料来源：中华人民共和国中央人民政府官方网站。

表 1-3　2014 年以来国家有关部门、地方政府委托开展的第三方评估工作

委托单位	承担单位	委托时间	任务名称
国家发展和改革委员会	中华全国工商业联合会	2013 年 5 月	民间投资 36 条及其配套实施细则落实情况第三方评估
工业和信息化部	中华全国工商业联合会	2013 年	"小微企业 29 条"贯彻落实情况第三方评估
科学技术部	中华全国工商业联合会	2013 年	《国务院办公厅关于强化企业技术创新主体地位全面提升企业创新能力的意见》贯彻落实情况第三方评估
国家发展和改革委员会	中国经济体制改革研究会（总体评估）；中国人民大学等 11 家机构（专项评估）	2014 年	全国 11 个综合改革配套试验区第三方评估
国务院扶贫开发领导小组	中国科学院牵头	2015—2019 年	国家精准扶贫工作成效第三方评估
国务院办公厅政府信息与政务公开办公室	中国社会科学院法学研究所	2015 年	2015 年政府信息公开第三方评估
国家发展和改革委员会	清华大学中国新型城镇化研究院、国家发展和改革委员会国际合作中心、国家发展和改革委员会城市和小城镇改革发展中心	2016 年 8 月	国家新型城镇化综合试点进展情况第三方评估
国家发展和改革委员会、中国人民银行	北京大学、中国人民大学、中国改革报社	2016 年 9 月	部分社会信用体系建设示范创建城市第三方评估
国家发展和改革委员会	中国科协	2016 年	全国首批"双创"示范基地第三方评估

续表

委托单位	承担单位	委托时间	任务名称
国家发展和改革委员会	中国科协	2016—2019	全面创新改革试验区第三方评估
国务院法制办公室、国家工商行政管理总局	中国行为法学会规范制定行为研究会和北京大学法学院国际经济法研究所	2015 年	《企业信息公示暂行条例》实施效果第三方评估
国务院办公厅电子政务办公室	国家行政学院电子政务中心	2017 年	31 个省（自治区、直辖市）和新疆生产建设兵团网上政务服务能力第三方评估
商务部	北京大学国家发展改革研究院	2017 年	"开放型经济新体制综合试点试验"第三方评估
中国民航总局	中国民航科学技术研究院	2017 年	深化民航改革工作第三方评估
科学技术部	中国科协	2018 年	《国家中长期科学和技术发展规划纲要（2006—2020 年）》实施情况评估
中央军民融合发展委员会办公室	军事科学院、中国国际工程咨询有限公司	2018 年	军民融合发展第三方评估综合；军民融合发展重要领域、重大项目第三方评估
科学技术部、财政部、教育部，中国科学院	中华人民共和国科学技术部科技评估中心、中华人民共和国教育部科技发展中心、中国科学院管理创新与评估研究中心	2019 年	减轻科研人员负担 7 项行动落实情况第三方评估
财政部	江西财经大学公共财税与管理学院	2019 年	全国 36 个省（自治区、直辖市、计划单列市）及新疆生产建设兵团 2019 年政府采购信息公开情况第三方评估
中国法律援助基金会	中国政法大学国家法律援助研究院	2020 年	"中央专项彩票公益金法律援助项目"实施十周年第三方评估

资料来源：互联网公开发布信息。

在地方政府层面，2014 年湖南省率先引入全面深化改革第三方评估。截至 2017 年 9 月，已先后对 14 个改革事项开展了事前评估、事中评估。湖南省的这一探索走在全国前列，形成了湖南特色，树立了改革品牌，得到中央全面深化改革领导小组办公室、湖南省委全面深化改革领导小组的充分肯定。

总体上看，经过各届政府和学界十几年的努力，第三方评估基本实现本土化、特色化，在众多重大项目评估中取得了令人满意的成绩，但也仍存在系统研究不够充分、中国特色化不够清晰、理论与实践的结合较为生硬等问题。例如，第三方评估相关著作较少，理论研究较薄弱，实证分析较多，中国特色第三方评估理论尚未成型；第三方评估方法多来自公共管理、经济学、统计学、数学等研究领域，未形成有特色的研究方法；对第三方评估主体的特性，侧重于独立性的研究，对专业性和权威性的研究较少；对第三方评估机构的选择没有形成系统的指标体系，在实践中主体选择较为盲目，可能出现任人唯亲的情况。笔者认为，应当理论与实践并重，形成具有中国特色的第三方评估理论体系，出台第三方评估监督条例，从实践中发展理论，用理论指导实践，实现第三方评估的科学健康发展。

二、科协系统第三方评估工作开展概况

（一）特定背景——中国科协智库建设

科协系统开展第三方评估工作的一个重要背景就是中国科协大力推进高端科技智库建设。

近些年，党中央高度重视中国特色新型智库建设，并将其作为推进国家治理体系和治理能力现代化的重要手段。2014 年 10 月 27 日，中央全面深化改革领导小组第六次会议审议了《关于加强中国特色新型智库建设的意见》。习近平总书记指出："要从推动科学决策、民主决策，推进国家治理体系和治理能力现代化、增强国家软实力的战略高度，把中国特色新型智库建设作为一项重大而紧迫的任务切实抓好"。2015 年 1 月，中共中央办公厅、国务院办公厅印发的《关于加强中国特色新型智库建设的意见》提出："发挥中国科学院、中国工程院、中国科协等在推动科技创新方面的优势，在国家科技战略、规划、布局、政策等方面发挥支撑作用，使其成为创新引领、国家倚重、社会信任、国际知名的高端科技智库。"

中央书记处在听取中国科协工作汇报时明确要求，"要坚持以科技工作者为本，做好联系科技工作者的经常化、制度化"，"善于深入他们之中，听取意见建议，集中他们的智慧，充分发挥利用好这一巨大的智库资源"，"中国科协要认真落实党中央关于中国特色新型智库建设的部署，……围绕国家重大产业发展和区域发展战略，深入开展对策研究，提供更多有价值的咨询建议"。党中央和习近平总书记对中国科协加强决策咨询、推动科技智库建设，均提出了明确要求。

加强科技智库建设是中国科协在新时期强化自身职能的战略部署。2014年，中国科协启动独立第三方创新评估试点，以提升国家级科技思想库的能力和水平。我国科研环境评估等试点取得了大批令人瞩目的成果。目前科协创新智库建设呈现如下特点。

"小中心、大外围"的科技群团智库格局初步形成。中国科协创新战略研究院作为中心，广泛联合各方力量推动科技创新智库体系建设，与重庆市人民政府共建"一带一路"与长江经济带协同创新研究中心，建设长江三角洲协同发展研究基地、中国老科协创新发展研究中心等。中国科协创新战略研究院建立了一批分院或研究所，如江苏分院（2016年）、智能制造研究所（2017年）、智能交通研究所（2017年）、未来城市研究所（2019年）、重庆分院（2020年）等。

部分重点科技领域前瞻研判成效明显。深入实施学科发展引领与资源整合集成工程，对世界科技前沿加强跟踪研判。组织院士专家团队，对集成电路、人工智能、机器人、信息技术、新材料、能源等重点领域的发展趋势和创新能力进行评估，深入研判新一轮科技革命和产业变革带来的机遇和挑战。

代表决策咨询工作取得长足发展。中国科协八大代表任期内提交建议案741份，九大代表提交建议案507件，提出了很多好的意见和建议。从中国科协九大召开至今，中国科协采取命题的形式资助中国科协九大代表开展调研，每年资助金额约 500 万元，代表开展的专项调研中不乏第三方评估的项目。另据不完全统计，全国有 25 个省级科协代表也提交了建议案。2014—2015 年，各省级科协共收到建议案 1701 件。

初步形成了中国科协"科技创新智库＋评估"的良好格局。首先，联合协作，整合资源，打造中国科协大智库平台。打造"科协＋高校""科协＋科研院所""科协＋企业"的智库平台。共建中国科协－北京大学科学文化研究院和中国科协－清华大学科技发展与治理研究中心，探索与名校及研究院所、重点企业的合作，充分发挥战略科学家作用，探索推动高校智库联合体智库协同机制，丰富合作内容和形式。其次，建设重点学科领域智库，实施中国科协智库专家团队建设工程，开展评估评价工作。遴选"卡脖子"核心技术进行预测，依托全国学会、省级学会、高校科协和企业科协，建设中国科协智库专家团队，聘请一批科技专家，积极引导地方科协建设智库专家团队，开展评估评价工作。最后，巩固已有成果，积极开展重点项目的评估工作。开展《国家中长期科学和技术发展规划纲要（2016—2020 年）》实施情况评估、国家"双创"示范基地评估、全面创新改革试验评估和技术预见评估，推进老科协创新发展研究中心的科技创新智库工作，支撑科技创新智库的科技工作者状况调查站点体系创新，举办第二届科学文化论坛、科协理论研讨会、科创中国"百人会"等智库交流活动。具有中国科协特色的一系列科技创新智库第三方评估经验模式已经形成。

（二）政策保障

2006 年，科学技术部明确提出要将第三方科技服务机构独立评估机制引入科技项目，对项目整体运行情况进行监督，并将运行情况作为项目调整的重要依据。此后，第三方评估制度在各项国家重点研发计划及地方重点研发计划中逐步推广开来。

在国家层面相关政策的引导和激励下，中国科协结合自身优势，通过深入研究，向有关方面提交了关于开展第三方科技评估工作和推动建立国家科技评估制度的专项报告，并陆续出台了相关工作方案和通则规范，为实际推进和有效开展第三方科技评估工作提供了制度保障和规范指导。

2014 年 12 月，中国科协办公厅印发《中国科协创新评估组织体系建设方案》和《中国科协关于开展创新评估试点的工作方案》。前一方案明确了中国科协创新评估组织体系的基本组成（图 1-1），并阐明了各组成部分的主要职责和组成人员。后一方案阐明了 2014—2017 年中国科协开展创新评估试点工作的工作目标、主要任务、实施原则、工作机制和基础保障。

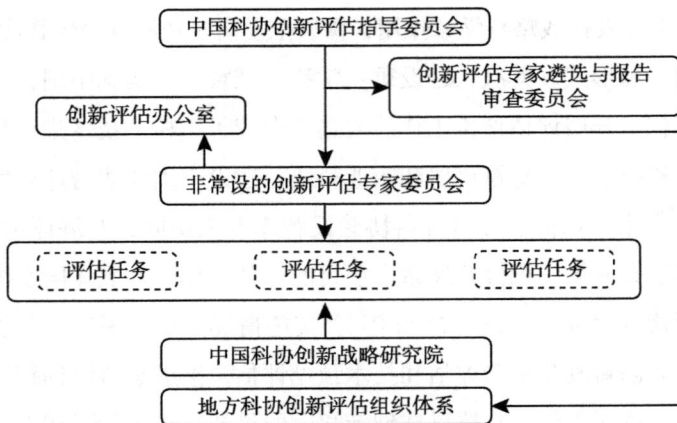

图 1-1　中国科协创新评估组织体系

2015 年 9 月，中国科协印发的《中国科协关于建设高水平科技创新智库的意见》提出："高度重视创新评估在科技创新智库建设中的基础和牵引作用，……扎实推进第三方创新评估工作，建立符合创新规律和国家发展实际的评估理论、方法及技术体系，……服务创新驱动发展战略。"

2016 年 4 月，中国科协印发的《中国科协高水平科技创新智库建设"十三五"规划》提出，要实施重大评估专项，坚持把组织开展第三方科技评估作为科协智库建设的战略重点，开展年度重大评估，加强评估组织体系建设，夯实科学评估方法基础，建立开放协同的评估工作机制。

2017 年 7 月，中国科协办公厅印发《科协系统第三方评估导则》和《科协系统第三方评估导则实施细则》。这两个规范文件由中国科协创新战略研究院研究制定发布，主要供科协系统科技评估工作人员和有关研究人员参考使用，以加强科协系统开展第三方评估及组织能力建设的规范性和有效性。

2018 年 12 月，中国科协印发的《面向建设世界科技强国的中国科协规划纲要》提出："积极推动建立完善重大科技政策面向科技社团的意见咨询机制，鼓励开展第三方评估工作。"该纲要同时指出："开展党和国家重大政策落实的第三方评估，为科学决策提供参考依据。"

（三）实践探索

随着政策支持和制度规范体系的不断健全和持续完善，科协系统第三方评估工作取得了实质性突破和明显成效。

在中国科协创新评估指导委员会大力指导下，在各非常设的创新评估专家委员会的直接指导和参与下，中国科协及所属全国学会、协会和研究会完成了一系列较高水平的第三方评估工作（表 1-4 ～表 1-6）。

表 1-4　中国科协承担的第三方评估工作（部分）

受托方	委托方	项目名称	委托年份
中国科协（由创新战略研究院具体承担）	国务院办公厅	"大众创业、万众创新"政策措施落实情况评估	2015 年起
		基层公共医疗设施建设、使用和管理政策措施落实情况评估	2015 年
	国家科技体制改革和创新体系建设领导小组办公室	职称改革和事业单位高层次人才收入分配激励机制评估	2015 年
	中央人才工作协调小组	《国家中长期人才发展规划纲要（2010—2020 年）》实施情况中期评估	2016 年
	国家发展和改革委员会办公厅	全面创新改革试验评估	2016 年起
		国家"双创"示范基地建设与进展情况评估	2016 年起
	科学技术部	《国家中长期科学和技术发展规划纲要（2006—2020 年）》实施情况评估	2018 年

续表

受托方	委托方	项目名称	委托年份
中国科协（由创新战略研究院具体承担）	全国人民代表大会教育科学文化卫生委员会	《中华人民共和国传染病防治法》修改完善的第三方评估	2020 年
	中央人才工作协调小组	《国家中长期人才发展规划纲要（2010—2020 年）》实施情况总结评估	2020 年
	科学技术部战略规划司	"十三五"时期我国基础研究与原始创新能力评估	2020 年

表 1-5 中国科协所属全国学会、协会、研究会承担的第三方评估工作（部分）

受托方	委托方	项目名称	委托年份
中国化学会	科学技术部基础研究司	2014 年度化学领域国家重点实验室评估	2014 年
中国物理学会		2015 年度数理领域国家重点实验室评估	2015 年
中国地理学会		2015 年度地理科学领域国家重点实验室评估（国家遥感中心牵头）	2015 年
中国科协生命科学学会联合体		2016 年度生物领域和医学领域国家重点实验室评估（中国生物技术中心牵头）	2016 年
中国科协信息科技学会联合体		2017 年度信息领域国家重点实验室评估	2017 年
中国科协先进材料学会联合体		2018 年度材料领域国家重点实验室评估	2018 年
中国科协智能制造学会联合体		2018 年度工程领域国家重点实验室评估	2018 年

表 1-6 中国科协创新战略研究院承担的第三方评估工作（部分）

受托方	委托方	项目名称	委托年份
中国科协创新战略研究院	北京生命科学研究所	北京生命科学研究所绩效第三方评估	2016 年
	国家知识产权局	我国知识产权保护和运用政策落实情况评估	2017 年
	科学技术部政策法规与创新体系建设司	激发科技工作者和科研机构积极性专题评估	2019 年
	澳门特区政府	澳门科技成果转化的条件、实力和潜力调研	2019 年

中国科协充分发挥"一体两翼"① 的组织优势，组织广大科技工作者开展了一系列第三方评估工作。从表 1-4 可以看出，2015 年中共中央办公厅、国务院办公厅印发《关于加强中国特色新型智库建设的意见》之后，科协系统迅速行动起来，2016 年开展的第三方评估项目就达到了 4162 个；2017 年和 2018 年开展的第三方评估项目数量有所波动；2019 年，科协系统迎来了开展第三方评估工作的高峰年（表 1-7）。中国科协系统持续开展的第三方评估工作为国家和地方科技、经济与社会事业发展提供了有力的决策支撑，发挥了重要的创新智库作用。

表 1-7　各级科协和两级学会开展科技评估项目数量

年份（年）	项目数量（项）	年份（年）	项目数量（项）
2016	4162	2019	7341
2017	2300	2020	8927
2018	3172		

注：数据来源于中国科协 2016、2017、2018、2019、2020 年度事业发展统计公报。

三、中国科协开展第三方评估的理论创新与实践意义

国家治理体系和治理能力现代化是习近平新时代中国特色社会主义思想的重要概念创新，是新时代治国理政的重要思想。党的十八届三中全会、四中全会都提出了国家治理现代化的问题，党的十九届四中全会审议通过了《中共中央关于坚持和完善中国特色社会主义制度　推进国家治理体系和治理能力现代化若干重大问题的决定》，把制度建设和治理能力建设摆在更加突出的位置，进一步强调把我国制度优势转化为国家治理效能。该决定中明确提出，要"健全决策机制，加强重大决策的调查研究、科学论证、风险评估，强化决策执行、评估、监督"。第三方评估因具有独立、专业、客观的特点，被视为完善国家治理体系的重要途径及推进政府治理能力现

---

① "一体两翼"："一体"是指中国科协机关部门及直属单位，"两翼"是指中国科协所属 210 个全国学会和地方科协。

代化的一种手段，在政策评估、项目评审、公共服务、绩效考核等领域得到越来越广泛的应用。

（一）第三方评估的理论体系

第三方评估最早起源于 15 世纪的欧洲。第三方是指处于第一方（被评对象）和第二方（服务对象）之外的第三方，第三方评估大多数情况下是由非政府组织、专业的评估机构或研究机构开展的评估。第三方评估的概念最早由美国学者莱维恩特（Levitt）提出的[①]，是指由专业机构对企业、组织或政府的工作执行效率、绩效和水准等进行专业系统的分析、监督与评估，作为异体评估，属于一种外部制衡机制。[②]第三方评估是一种更客观的社会监督方法，核心特征是客观性、独立性、专业性。我国学者对第三方评估概念的引入始于对政府绩效评价的研究，引入第三方评估对政府部门及其治理绩效进行评估，克服了传统的政府自我评估的缺陷，保证了评估结果的公平公正性，提升了政府的治理能力。[③④⑤⑥]第三方评估的理论基础主要源于公共治理理论，利益相关者理论、系统分析理论、反馈控制理论等理论也为开展第三方评估提供了指导。第三方评估实践不断对多个学科相关理论和方法进行借鉴、融合、吸收和拓展，初步形成了第三评估理论体系（图 1-2）。

[①] 李杰.机制设计理论视角下地方政府绩效第三方评估研究［D］.长春：吉林大学，2020.

[②] 王志达，黎贵优，穆智，等.新时代民族团结进步第三方评估的逻辑与实践［J］.云南民族大学学报（哲学社会科学版），2020，37（3）：17-22.

[③] 马旭红，唐正繁.第三方评估的实证理论与实证探索［M］.成都：西南交通大学出版社，2017.

[④] 孟志华，李晓冬.精准扶贫绩效的第三方评估：理论溯源、作用机理与优化路径［J］.当代经济管理，2018（3）：46-52.

[⑤] 徐双敏，李跃.政府绩效的第三方评估主体及其效应［J］.重庆社会科学，2011（9）：118-122.

[⑥] 石国亮.慈善组织公信力重塑过程中第三方评估机制研究［J］.中国行政管理，2012（9）：64-70.

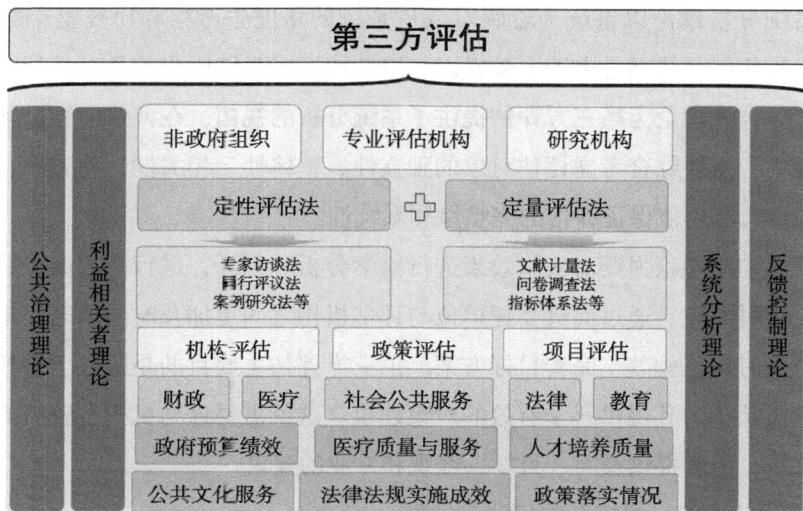

图 1-2 第三方评估理论体系

1. 理论基础

公共治理理论是第三方评估的重要理论基础。该理论认为，治理离不开成熟的多元管理主体及主体之间的伙伴关系、民主协作精神，主张社会公共管理应由多主体共同承担。第三方评估的实施者是独立于政府部门之外的社会组织和机构，一定程度上代表了多元社会力量参与公共治理。整个评估过程，也是政府转变职能，激发整个社会的内生动力，动员和整合更多的资源和力量共同参与社会公共事务的过程。[①]

利益相关者理论具有代表性的观点是弗里曼（Freeman）在《战略管理：利益相关者方法》一书中提出的："利益相关者是能够影响一个组织目标的实现，或者受到一个组织实现其目标过程影响的所有个体和群体。"[②] 任何一个组织的生存和发展都离不开各利益相关者的实质性参与和积极投入。在进行第三方评估时，准确界定利益相关者，广泛听取利益相关者的意见，能够使评估结果更加全面客观。

---

① 李志军. 第三方评估理论与方法［M］. 北京：中国发展出版社，2016.

② R.爱德华·弗里曼. 战略管理：利益相关者方法［M］. 王彦华，梁华，译. 上海：上海译文出版社，2006.

系统分析理论以系统为着眼点或从系统的角度去考察和研究整个客观世界，认为任何系统都是由若干要素以一定结构形式联结构成的具有某种功能的有机整体。该理论为第三方评估提供了系统分析的视角，在评估内容设计和评估过程中，需要综合考虑评估对象的独立性、整体性、相关性、动态性、适应性等特点，尽可能保证评估的完整性和系统性。

反馈控制理论强调对实施效果进行科学分析和判断，进行有效调控，实现项目管理科学化。通过促进委托单位与评估机构之间更加及时的沟通，帮助委托单位及时纠正偏差，完善目标方案。第三方评估主要目的是服务于委托单位的科学决策，为其提供科学有效的对策建议。这就需要评估机构有较高的决策咨询水平，能够提供及时、科学、客观和专业的建议。

2. 评估主体、评估对象与评估分类

第三方评估的主体多是独立于政府之外的非政府组织、专业的评估机构或研究机构。这些评估机构具备与评估内容相关的领域和学科知识，掌握多种评估方法，从而保证评估过程科学和结果可信。

就评估对象而言，第三方评估根据应用领域可划分为政策评估、项目评估、机构评估等几个大类，覆盖了财政、教育、医疗、社会公共服务、法律等众多细分领域。第三方评估的具体评估内容较为丰富，涉及政府预算绩效、人才培养质量、医疗质量与服务、公共文化服务、法律法规实施成效及政策落实情况等多个方面。

第三方评估根据评估阶段可分为事前评估、事中评估、事后评估。事前评估是在执行政策或项目前，根据评估对象发展趋势做出的预判性评估，侧重于评估对象的可行性分析或择优分析。事中评估是在政策或项目实施一定时间后，根据阶段性目标，对现状及存在的差距进行评估，侧重于对执行状况的监督、检查。事后评估主要是在政策或项目执行后，根据政策或项目的最初目标，对执行后的目标实现情况、执行对象的满意程度、存在的差距进行评价分析。[①]

---

① 朱旭峰，韩万渠.第三方评估应注重体系和方法创新［N］.学习时报，2015-11-23（5）.

3. 评估方法

第三方评估的评估方法可以归纳为定性评估法和定量评估法。

定性评估法主要针对无法获取可量化指标的评估对象，通过专家访谈、同行评议、实地调查等方式进行评估。该方法由于主要依据评估者的经验、知识和技能，容易带有主观色彩，因此对评估者自身素质要求较高。[①] 常用的定性评估法包括专家访谈法、同行评议法、案例研究法、实地调查法、比较分析法等。

定量评估法是指根据评估对象的数据信息，运用运筹学、统计学、计量经济学等学科的理论和方法，建立第三方评估的数学模型，通过计算求得答案的方法和技术，因此较定性评估法更为客观、科学。[②] 常用的定量评估方法包括文献计量法、问卷调查法、指标体系法等。

在第三方评估实践过程中，往往是根据评估需求，综合运用多种方法，各取所长，互相补充，形成更为科学的评估结果。

（二）中国科协开展第三方评估的特点

2015 年以来，中国科协充分发挥组织网络健全、地位超脱的特点及学科覆盖面广、跨部门跨行业、智力资源密集等优势，开展了"大众创业、万众创新"政策措施落实情况、国家"双创"示范基地建设与进展情况、《国家中长期科学和技术发展规划纲要（2006—2020 年）》实施情况、《中华人民共和国传染病防治法》修改完善等多个重大项目的第三方评估，对党和政府科学决策发挥了积极作用。经过多年的评估实践、反思与改进，中国科协在第三方评估的独立、客观、专业等基本要求之上，形成了一套基于自身特点和优势的评估理论与方法，丰富了第三方评估理论体系，提供了具有中国科协特色的实践案例。

1. 评估内容的全局性和战略性

中国科协不同于单个学科或领域的科技社团，它所属的 210 个全国学会涉

---

① 李志军. 第三方评估理论与方法［M］. 北京：中国发展出版社，2016.

② 同①.

及理、工、农、医、交叉学科等多个领域，具有科技综合性特点，它还与不同领域的顶尖学者和战略科学家有着密切联系。这些特点使中国科协能够开展国家层面的具有全局性和战略性的第三方评估。例如，《国家中长期科学和技术发展规划纲要（2006—2020 年）》实施情况的评估，涉及能源、水和矿产资源、环境等 11 个国民经济和社会发展的重点领域，68 项优先主题，16 个重大专项，以及 8 个技术领域的 27 项前沿技术和 18 个基础科学问题。该评估涉及领域多，专业性强，也只有像中国科协这样的第三方评估机构可以承担。中国科协通过核心评估组进行顶层设计，联合 8 家相关领域全国学会（学会联合体），以及其他相关机构共同完成了评估工作。又如，2019 年国家"双创"示范基地建设与进展情况的评估具有跨地区、跨类别的特点，需要全面考察分布在全国各地的 120 家不同类型的"双创"示范基地，包括区域类、高校和院所类、企业类三大类。区域类包括 11 家城区、15 家新区、28 家高新区和经开区、8 家县域示范基地；高校和院所类包括 10 家综合类高校、7 家理工类院校和 2 家专业特色院校，9 家中国科学院系统研究所和 2 家工业和信息化部系统研究所；企业类包括 15 家中央企业（包括 2 家科研院所转制中央企业）和地方国有企业、13 家民营企业。本次评估委托 7 家地方科协、11 家学会和 8 家代表性"双创"示范基地，组织国内专家 600 多人次对其中 101 家"双创"示范基地进行了实地调研，并结合函评等方式完成了 101 家"双创"示范基地的实地评估。

2. 调查体系的完整性

如果说，评估具有全局性和战略性的《国家中长期科学和技术发展规划纲要（2006—2020 年）》是"顶天"，那么 2020 年对《中华人民共和国传染病防治法》修改完善的评估就是"立地"的一个典型案例。中国科协的"立地"体现于完善的科协组织体系和线上线下结合的调查体系便于迅速了解掌握基层情况。例如，对《中华人民共和国传染病防治法》修改完善的评估，委托方要求广泛收集基层专业人员和社会公众意见，把握重点、突出基层。中国科协充分发挥"一体两翼"的组织优势，委托 3 家省级科协、5 家市级科协、5 家县级科协组织召开 13 场座谈会，邀请地方人民政府、卫生行政部门、疾病预防控制机构、医疗机构、卫生监督机构、基层社区等单位的代表，聚焦重点问题，听取意见和建议，研讨《中华人民共和国传染病防治法》实施过程中面临的困境和暴露的问题。中国科协依托科技工作者状况调查站点，面向公众开展问卷调查，累计回收有效问卷 21510 份，样本覆盖全国各省（自治区、直辖市），为掌握一手材料、开展定量分析奠定了基础。

3. 利益相关者参与的广泛性

中国科协在开展第三方评估过程中，可以充分发挥跨行业、跨部门及纵横联通的组织优势，联系协调多个部门、不同层面的群体参与评估工作。在 2015 年的"大众创业、万众创新"政策措施落实情况评估过程中，国家发展和改革委员会、科学技术部、国家工商行政管理总局、国家统计局、工业和信息化部、财政部、国家知识产权局、人力资源社会保障部、国务院国有资产监督管理委员会等相关单位都参与了评估工作。核心评估组还对河北省、山西省、吉林省、山东省、广西壮族自治区、云南省、甘肃省、宁夏回族自治区进行了实地督查，22 个省（自治区、直辖市）科协也参与了评估工作。除此之外，参与评估工作的还有 500 多名专家和 20000 多份调查问卷的填答者。2019 年开展的《国家中长期科学和技术发展规划纲要（2006—2020 年）》实施情况第三方评估、2020 年开展的《中华人民共和国传染病防治法》修改完善的第三方评估，都是在明确界定相关利益者的基础上，最大限度地吸收利益相关者参与评估，听取相关意见。

4. 评估工作的开放性和协同性

中国科协具有平台型、开放型和枢纽型的特点，能够整合多方资源，作为桥梁和中介连接多家专业评估机构形成合力，提升评估工作的科学性和影响力。例如，2015 年，"大众创业、万众创新"政策措施落实情况的评估邀请中关村科技评价研究院、百度在线网络技术（北京）有限公司、阿里研究院参与，在大数据挖掘、社会调查等方面提供技术支持和数据保障。2015 年，基层公共医疗设施建设、使用和管理政策措施落实情况的评估邀请中国协和医科大学人文学院等专业机构的研究人员组成评估工作小组，具体负责基础数据收集整理，调查方案、调查问题设计和调查数据分析，参与评估报告起草。《国家中长期科学和技术发展规划纲要（2006—2020 年）》实施情况的评估又联合中国宏观经济研究院、清华大学等开展了重点议题专项评估（研究）。又如，2016年的北京生命科学研究所绩效评估，要求以发展的眼光和国际的视角，全面客观地评估研究所建所以来的学术成果、人才培养、体制机制创新、文化氛围营造等方面的成绩，以及存在的问题等。评估报告作为证据报告最终提交由诺贝尔生理学或医学奖得主菲利普·夏普（Phillip A. Sharp）和兰迪·谢克曼（Randy W. Schekman）为代表的9位国内外知名专家组成的国际评估专家委员会审阅。根据评估目标和内容，评估核心组联合爱思唯尔团队，对北京生命科学研究所的科研成果进行文献计量分析和国际比较分析，方法和结论得到了国际专家委员会的高度认可。

5. 评估方法的不断优化

科学的评估方法是确保评估结果科学可信的重要保障。中国科协根据所承担评估任务的特点，不断探索优化评估方法，在多种方法相证的基础上形成评估结论。常用的方法有基于科技工作者状况调查站点的大规模问卷调查，以及实地调研、专家论证和大数据挖掘。

中国科协的科技工作者状况调查站点是全国唯一以科技工作者为对象的覆盖全国各级各类组织的固定调查网络，能够有效地代表全国各地、各行业的科技工作者，准确反映全国总体情况。目前，中国科协在全国共有516个实体调查站点，并推出了"科情调查"在线调查系统。线上线下结合的调查系统，为开展评估调查问卷提供了有力支撑。

实地调研是获取第一手资料和信息的重要方法，评估报告中很多鲜活的案例和带有基层特色的话语，都来自实地调研。中国科协纵横联通的组织体系，为实地调研提供了便利。

专家论证贯穿评估整个过程，从方案设计、调查调研、观点凝练到报告形成等各个环节，都凝聚了大批专家的智慧。这也是中国科协开展评估工作的主要特色。

另外，在近几年的评估中，中国科协还特别借助互联网、大数据等新技术开展研究，力求评估结果科学、可信、有效。《中华人民共和国传染病防治法》修改完善的评估挖掘互联网大数据，综合研判主流媒体和自媒体等关于《中华人民共和国传染病防治法》的观点，完成了重大舆情事件的识别和网络相关热点话题分析，累计形成266万条数据，为形成评估结论和相关建议提供有力的数据支撑。

（三）理论创新与实践意义

中国科协开展第三方评估，既能发挥自身科技专长，又是立足群团特点推动国家治理体系和治理能力现代化的有效尝试。实践证明，中国科协作为具有中国特色的群团组织和联系科技工作者的纽带，发挥组织优势，做好第三方评估工作，对完善第三方评估理论体系、提高决策水平具有重要意义。

1. 丰富了评估主体的类型

中国科协是中国科学技术工作者的群众组织，是中国共产党领导下的人民团体，是党和政府联系科学技术工作者的桥梁和纽带，是国家推动科学技术事业发展的重要力量。人民团体是中国特有的组织形式，是全国性的群众组织，区别于已有的第三方评估理论中提到的"独立于政府部门之外的社会组织和机构"。在第三方评估理论体系中，应该把人民团体或群团组织作为单独一类评估主体，区别于已有的社会组织和机构。

2. 提供了更好让利益相关者表达意见的组织机制

群团组织是处于党与群众之间的中间组织，能够在参与社会治理过程中充分地代表群众利益，能够运用组织体系和运行机制，有效统合群众的利益诉求。中国科协具有联系广泛、服务群众的群团工作体系，其上下横纵的网络体系在评估过程中，能够充分、如实地反映科技工作者的意见。从另一个角度看，团结组织、引领发动科技工作者发挥专业优势参与第三方评估，也是中国科协广泛联系科技工作者、更好发挥作用的一个有力抓手，能够有效地把科技工作者的个体智慧凝聚上升为有组织的集体智慧。

3. 有利于健全提高党的执政能力和领导水平的制度

欧美国家提出第三方评估的目的主要是克服传统的政府自我评估方式的缺陷，提高评估结果的公平公正性，提升政府治理能力。我国引入第三方评估概念，也是延续了欧美国家学者的理论。中国科协不是政府部门，地位相对超脱，符合第三方评估的要求。中国科协承担第三方评估任务，能够发挥促进政府管理方式改革创新的作用。同时，作为党领导下的群团组织，中国科协参与第三方评估，也是提升自身工作能力的重要途径。推动群团组织参与第三方评估制度化，有利于提高党的执政能力和领导水平，使国家治理体系的运转更有效。

第二章

2015 年 "大众创业、万众创新" 政策措施落实情况评估

2015 年 7—8 月，中国科协受国务院委托对推进"大众创业、万众创新"（以下简称"双创"）政策措施落实情况进行了第三方评估。本次评估从政策工具的评估入手，选择大学生、科技工作者、返乡农民工、海归人员等创业群体，以及创业平台、融资渠道等开展调研，对政策的落实情况和实施效果进行评估。中国科协在把握国内乃至世界经济发展宏观全局的基础上，不仅对"双创"政策在稳增长、促就业、调结构及倒逼简政放权，激发市场主体活力等方面起到的积极作用做出了客观的评价，同时也查找出政策落实中存在的一些具体问题，并提出了建议，为各相关部门调整完善有关政策提供了参考。

一、评估背景

2015 年是"十三五"规划开局之年，我国经济发展进入新常态。推进大众创业、万众创新是党中央、国务院推动经济结构调整，打造经济发展新引擎的重大举措，对稳增长、扩就业，激发全社会创造力，推动新旧动能转换具有重要意义。中国科协承担第三方评估工作是群团组织改革发展的新生事物，也是服务创新驱动发展的重要方面。2015 年 7 月，根据《国务院办公厅关于委托对国务院重大政策措施落实情况开展第三方评估的函》，中国科协承接了推进"双创"政策措施落实情况的评估任务。

（一）缘起

2014 年 5 月，国务院常务会议首次提出在对国务院已出台政策措施落实情况开展全面督查中引入第三方评估和社会评价。中国科协在学会承接政府转移职能有关工作时，提出开展独立第三方科技评估工作。2014 年 9 月，中国科协提交《中国科协关于开展独立第三方科技评估工作，推动建立国家科技评估制度》的报告，李克强总理等领导同志作了重要批示。2015 年 7 月 16 日，国务院办公厅印发《中国科协所属学会有序承接政府转移职能扩大试点工作实施方案》，特别强调要充分发挥科技社团在科技评价中的作用。在这一背景下，中国科协接受国务院委托，承担了对国务院近年出台的推进"双创"政策措施落实情况进行评估的工作任务。本次评估对中国科协第三方评估机制的建立进行了有益的探索。

（二）过程

中国科协紧紧围绕 2015 年《政府工作报告》部署和国务院出台的有关政策文件，按照对"双创"政策措施落实情况开展评估的要求，充分发挥自身优势，全面、客观地开展调查研究。中国科协通过鲜活的案例，把握政策措施落实情况；通过问卷和模型的量化分析，全面准确地总结"双创"取得的成果；通过广泛听取基层群众、企业等政策利益相关者的意见和呼声，深入了解政策措施落实中的困难和问题，通过对成果、问题和总体情况的深入分析，提出有针对性的意见和建议。在这些工作的基础上，中国科协最终形成了《推进大众创业、万众创新的政策措施实施情况第三方评估报告》，并于 2015 年 8 月 26 日在李克强总理主持召开的国务院常务会议上进行了专题汇报。

（三）成果

本次关于"双创"政策措施落实情况的评估形成了一套完整详尽的文字报告。除了最终形成的综合评估报告，评估伊始，中国科协便组织 500 多位专家，兵分几路赴 20 个省（自治区、直辖市）调研，形成了 20 份基础调研报告；评估期间，还对近 2 万份调查问卷及从官方网站、专业部门收集的大量相关数据资料进行分析，并形成了为综合评估报告提供数据支撑的多份数据报告，包括《"大众创业、万众创新"活跃程度评估分析报告》《科技工作者创新创业情况问卷调查数据分析报告》《大学生创业情况问卷调查数据分析报告》和《"推进'大众创业、万众创新'政策措施落实情况"大型数据分析报告》等。

（四）意义

本次关于"双创"政策措施实施情况的评估是中国科协建设高端智库的一次重要尝试。2015 年 3 月，中共中央办公厅、国务院办公厅印发的《关于加强中国特色新型智库建设的意见》提出，重点建设 50~100 个国家急需、特色鲜明、制度创新、引领发展的专业化高端智库；支持中央党校、中国科学院、中国社会科学院、中国二程院、国务院发展研究中心、国家行政学院、中国科协、中央重点新闻媒体、部分高校和科研院所、军队系统重点教学科研单位及有条件的地方先行开展高端智库建设试点。中国科协建设高端智库有着自身独特的优势，在此次第三方评估中，中国科协就充分发挥了自身所具有的群众组织的独立性、科技协会的专业性和专业人才的丰富性等独特优势，为评估工作的顺利开展和完成提供了强有力的支撑，也为今后的智库建设积累了宝贵的经验。

二、评估方案

（一）评估指导思想和基本原则

深入贯彻党的十八大和十八届三中、四中全会精神，充分发挥中国科协的组织优势，深入调研了解各级政府推动创新创业政策措施落实情况，全面调查科技工作者、大学生、返乡农民工、海归人员在创新创业中遇到的难点和热点问题，深入调研制约科技成果转化的困难和障碍，及时掌握创新创业中涌现的新业态、新模式和新的经济增长点，准确反映突出问题，归纳总结实践经验，提出进一步促进政策措施落实的建议，为贯彻落实国务院重大决策部署和政策措施，疏通科技与经济结合的"大通道"和"微循环"，营造鼓励大众创业、万众创新的良好环境，增强经济发展动力和改善民生做出积极贡献。

评估工作坚持专业性、权威性、独立性、客观性、针对性、有效性和可操作性七大原则，紧紧围绕评估任务要求，加强顶层设计，突出事中评估的特点，强调问题导向；注重定性、定量分析结合，通过大数据挖掘提供实证，通过实地调研挖掘案例；"点""线""块""面"结合，聚焦重点问题、重点人群、重点领域、重点区域、重点政策，在了解目前政策落实情况与效果的同时，重点了解政策落实过程中存在的突出问题与困难；针对未能落实或落实效果欠佳的部分，深入分析原因，寻找导致问题的症结并提出建议。

（二）评估的组织实施

1. 评估队伍

（1）中国科协。中国科协负责对评估工作的总体领导和组织，由中国科协党组、书记处主要领导牵头，相关部门协同，集成科协系统组织优势，动员两院院士、专家学者、企业家和专业评估机构参与，深入基层开展调研，组织召开专题座谈会，收集数据案例，启动全国科技工作者状况调查系统，全面深入开展评估。重点选择北京市、辽宁省、吉林省、黑龙江省、上海市、江苏省、浙江省、广东省、福建省、湖北省、河南省、陕西省、四川省和重庆市等开展调研，并组织若干专题座谈会，邀请国务院相关部门、高等院校、科研院所和企业参加座谈。中国科协相关部门和直属单位及科技、经济和公共政策研究专家组成专门工作组，负责评估工作的具体实施，包括细化评估实施方案，组织开展调研、研讨，提出评估结论和建议，撰写评估报告等。为确保评估工作的战略性和客观性，中国科协创新评估指导委员会对评估所形成的结论和建议进行评议审定。

（2）省（自治区、直辖市）科协。各省（自治区、直辖市）和新疆生产建设兵团科协重点围绕推进"双创"政策措施在地方落实情况开展调查研究，梳理配套政策文件，总结进展和成效，收集汇总数据，查找突出问题，形成意见和建议，并按时提交调查评估报告。

（3）全国学会。中国地理学会、中国机械工程学会、中国汽车工程学会、中国仪器仪表学会、中国电子学会、中国计算机学会、中国通信学会、中国农学会、中国生物医学工程学会、中国技术经济学会等全国学会，组织开展本行业的评估工作。这些全国学会重点围绕"双创"政策措施在本行业落实情况开展专题调研，收集汇总数据，查找突出问题，形成意见和建议，并按时提交调查评估报告。

（4）科协基层组织。各省（自治区、直辖市）科协遴选部分园区科协、高校科协、企业科协及农村专业技术协会等基层组织开展相关评估工作。这些科协基础组织围绕评估主要内容分别开展创业扶持政策、科技成果转化政策与企业技术创新政策落实情况专项专题调研工作，收集汇总数据，查找突出问题，形成意见和建议，并按时提交调查评估报告。

（5）全国科技工作者状况调查系统。中国科协的科技工作者状况调查站点全面启动问卷调查，了解科技工作者对"双创"政策措施的认知、感受和意见建议，为评估工作提供数据支撑。同时，中国科协联合社会媒体开展面向公众的问卷调查。

（6）全国政协科协界委员。全国政协科协界委员调研组分别赴青海省、宁夏回族自治区、内蒙古自治区开展专项调研，并对当地科协的评估工作给予指导。

（7）专业机构。中关村科技评价研究院、百度在线网络技术（北京）有限公司、阿里研究院参与评估，在大数据挖掘、社会调查等方面提供技术支持和数据保障。

2. 评估依据、内容和重点

全面评估 2014 年下半年到 2015 年上半年国务院出台的有关"双创"政策措施，特别是 2014 年中央经济工作会议、2015 年《政府工作报告》发布的重大改革任务、重大政策的落实情况。

（1）评估依据。包括《国务院关于进一步做好新形势下就业创业工作的意见》《国务院关于大力推进大众创业万众创新若干政策措施的意见》《国务院关于积极推进"互联网+"行动的指导意见》《国务院关于国家重大科研基础设施和大型科研仪器向社会开放的意见》《国务院办公厅关于强化企业技术创新主体地位全面提升企业创新能力的意见》《国务院办公厅关于发展众创空间推进大众创新创业的指导意见》《国务院办公厅关于深化高等学校创新创业教育改革的实施意见》《国务院办公厅关于支持农民工等人员返乡创业的意见》。

（2）评估内容。强化创业扶持，打造创新创业公共平台，建立完善创业投资引导机制，完善创业孵化器服务进展情况。①通过政府购买服务、无偿资助、业务奖励等多种方式支持创新创业公共服务供给的进展和成效；②发展"互联网+"创业网络体系、构建线上线下相结合的创新创业生态体系的进展和成效；③建立和完善创业投资引导机制，拓宽创业投融资渠道的进展和成效；④支持创业担保贷款发展，简化贷款和贴息手续的进展和成效；⑤发展众创空间、企业孵化器、大学科技园、农民工返乡创业园等各类孵化机构的进展和成效；⑥发展技术转移转化、科技金融、认证认可、检验检测等科技服务业的进展和成效；打通科技成果转化通道，推动科技资源开放共享，支持科研人员创新创业的进展；⑦下放科技成果使用权、处置权和收益权的进展和成效；⑧国家科技成果转化引导基金、科技型中小企业创业投资引导基金等协同联动促进科技成果转化的进展和成效；⑨加大科研基础设施、大型科研仪器和专利信息资源等向社会开放的进展和成效；⑩鼓励企业建立专业化、市场化技术转移平台的进展和成效；⑪鼓励高校、科研院所专业技术人员离岗创业政策落实情况和成效；⑫提高科研人员成果转化收益比例的进展和成效；发挥企业技术创新主体作用，落实企业研发费用加计扣除、高新技术企业扶持等普惠性政策的情况及效果；⑬完善引导企业加大技术创新投入机制的进展和成效；⑭支持企业参与重大科技项目实施和科研平台建设，推进以企业为主导的产学研协同创新的进展和成效；⑮知识产权应用保护政策落实情况和成效；⑯发挥政府采购支持作用，加大创新产品和服务采购力度的情况；⑰落实企业研发费用加计扣除、高新技术企业扶持等普惠性政策，扶持方式从选拔式、分配式向普惠式、引领式转变的进展和成效。

（3）评估重点。评估重点人群（大学生，科研院所、高校科研人员和返乡农民工）的创业情况，了解他们对完善政策措施的意见和建议。评估的重点行业包括高端装备、信息网络、集成电路、新能源、新材料、生物医药等新兴产业，电子商务、工业互联网、互联网金融等新兴业态，了解它们的发展情况，了解利益相关方的意见和建议。评估重点区域（深圳市、上海市、武汉市、西安市等地）完善创新创业环境，以及国家高新技术产业开发区、经济技术开发区、自贸区等区域创新创业情况，了解利益相关方的意见和建议。评估的重点政策包括科技成果使用处置和收益管理改革、股权和分红激励政策、企业研发费用加计扣除、高新技术企业扶持等普惠性政策，推广中关村"1+6"系列先行先试政策，鼓励科研人员、高校毕业生创业的政策，支持农民工返乡创业的政策等。

3. 评估方法

评估将通过实地考察、与利益相关方的座谈访谈、专家研讨和专项访谈等形式进行调研和定性分析，对政策措施落实的基本情况、基本特征做出判断，把握政策落实的规律性特征，提炼共性问题等；利用国家统计局、科学技术部等有关单位提供的统计数据和抽样调查获得的数据开展定量评估，得出定量评估结论。本次评估将信息资料、调查统计数据、专家经验三者有机结合，保证了评估的客观性、科学性和规范性。

（1）问卷调查。启动中国科协的科技工作者状况调查站点，实施面向机构、人员的数据调查。根据不同调研内容和对象，设计调查问卷；并采用网上填报方式，通过重点省（自治区、直辖市）科协组织、重点全国学会、重点企业高校科协组织完成调查填报。

（2）调研座谈会。各省（自治区、直辖市）科协在调研本地区创新创业政策进展情况基础上，根据调查问卷和座谈提纲，组织召开座谈会；有关全国学会围绕服务科技工作者和创业企业等评估内容，组织相关调研和座谈会。

（3）专项访谈。根据评估专项访谈提纲及计划安排，对典型创业团队、创新型企业、高校成果转化机构或科技园、产业园区管委会、投资机构、新型孵化器、公共服务平台管理机构及地方主管部门进行访谈调研，"零距离"了解各类群体对创新创业政策的意见和建议。

（4）大数据挖掘。与社会化专业机构、企业合作，利用大数据，对各个领域的创业情况、新兴产业、新兴业态、技术转移、成果转化、财税政策、社会投资、人才流动等进行分析，形成大数据报告，构建"双创"指数。

4. 成果形式

（1）综合评估报告。中国科协在广泛听取意见的基础上形成《推进大众创业、万众创新的政策措施落实情况第三方评估报告》，主要内容包括国务院一系列文件和措施的贯彻落实情况，各部委和各地出台贯彻落实文件的情况，大众创业、万众创新的进展和成效，在贯彻落实相关文件过程中存在的主要问题；对进一步改善优化创新创业环境、改进促进创业就业、增强经济活力、保持经济稳定增长和惠及民生提出意见和建议。

（2）专题评估报告。参与调研的全国学会围绕本行业，根据调查问卷、座谈会调研情况撰写一份行业专题评估报告。参与调研的省（自治区、直辖市）科协撰写一份本地区综合评估报告，在报送中国科协的同时，报送地方党委和政府。

（3）调研数据库和可视化分析报告。汇总本次调研采集的经济统计数据、问卷调查获得的统计数据及分析数据，建立评估工作数据库，完成各类可视化分析报告。

三、评估发现

（一）主要成绩

2014—2015 年，国务院及其组成部门围绕"双创"先后出台 22 个文件，涉及创新创业的体制机制、财税政策、金融政策、就业政策等多个领域。综合来看，各地政府部门贯彻落实"双创"政策措施迅速有力，政策效果持续释放，社会公众反应热烈，创新热情和创造活力得到明显激发。

（1）"双创"政策对稳增长、促就业、调结构成效显现。在"双创"政策的刺激下，创新创业热潮迅速兴起，其质量和效能较 20 世纪 80 年代、90 年代两次创业潮显著提升，大学毕业生和留学归国人员成为"双创"生力军。据调查，2015 年新毕业大学生创业比例同比增长近 1 倍，全国逾千万网络创业群体中大学生占 60%，2014 年近 40 万留学归国人员中也有 15% 左右选择自主创业。

风起云涌的创新创业潮在推动新产业、新业态、新主体加快形成，对冲经济下行压力方面发挥了积极作用。2015 年上半年，全国新增市场主体同比增长 15%，其中新增企业同比增长 19%，第三产业占比超过 80%，新增企业运营资产 2 万多亿元，营收 8000 多亿元，对国内生产总值（GDP）增速的拉动达到 0.4 个百分点。大量新增市场主体成为吸纳劳动力就业的重要渠道，返乡农民工创业人数同比增长 3.1%，个体工商户从业人员同比增长 11.6%，新建企业、个体工商户平均带动就业人数分别达到 7.5 人和 2.8 人，上海市新建企业就业带动效应则达到 1∶10。高技术产业增加值增速比规模以上工业高出 4 个百分点。电子信息、数控机床、机器人、轨道交通、智能电网、航空航天和医疗器械等高端装备制造等领域都呈现出良好发展势头。

（2）"双创"政策倒逼简政放权，市场活力进一步激发。"双创"政策的陆续推出，激活了千千万万个市场"细胞"。北京市、天津市、上海市、浙江省、江苏省、深圳市等先行先试，以商事制度改革、打通投融资渠道、建设创业平台为突破口简政放权，取得积极成效，创新创业活力明显激发。深圳市每千人拥有市场主体已达到 113 户；北京市的互联网创业者数量比广东省和上海市加起来的还要多；成都市 2014 年每天新增 510 名创业者；杭州市新增企业数和企业投融资数在新一线城市中均居首位。中关村"1+6"系列先行先试政策在高新区分步推广，效应逐步显现。2015 年 1—5 月，国家高新区主要经济指标稳步增长，新注册企业数超过 1000 家的国家级高新区有 11 个，中关村则超过 19000 家，每天平均诞生 130 家企业，比前一年同期增加 2 倍。

（3）"双创"政策对激发科技工作者创新创业热情起到积极作用。调查表明，科技工作者高度认同"双创"政策，其中 50.0% 表示非常赞同，47.1% 表示比较赞同；49.1% 表示有初步创业意愿，7.7% 有初步的创业规划，2.5% 已经开始创业。高校"双创"良好氛围正在形成，67.1% 的在校生认为所在学校已有创业氛围。大学生选择创业的比例明显提升，从 2013 年的 2.8%、2014 年的 3.2% 上升至 2015 年的 6.3%。主要反映创业意愿和创业氛围的"双创"信心指数在福建省、江苏省、天津市、广东省、北京市表现尤为突出。

（4）面向"双创"的政策工具日益丰富。针对不同类型的"双创"活动和群体，各地普遍加大市场准入、投融资渠道、创新创业平台等建设力度，不断推出产业引导基金、众创空间、知识产权服务、负面清单和责任清单、离岗创业和休学创业等新的政策工具，支持"双创"的政策绿色通道、专业化服务通道、资本输出通道不断拓展。密集出台的"双创"政策和"互联网＋"紧密结合，促进众创、众筹、众包等创新创业新模式迅速发展，实体经济和互联网进一步融合，创新创业更加大众化。"双创"政策有力促进了创造能力的提升。2015 年上半年，发明专利申请量达 42.4 万件，同比增长 21.0%；发明专利授权量达 16.1 万件，同比增长 49.0%；PCT 国际专利申请 1.3 万件，同比增长 15.7%。知识产权服务，特别是针对小微企业的知识产权纠纷快速处置、质押投融资服务不断加强。2015 年上半年，全国专利行政执法、专利纠纷、办案数量同比增长 1 ~ 1.5 倍，小微企业知识产权质押投融资额同比增长近 1 倍。

（5）多层次"双创"政策支持体系初步形成。各地对国务院"双创"政策的贯彻落实表现出了较强的响应度。据不完全统计，省（自治区、直辖市）政府落实《注册资本登记制度改革方案》的比例达 81%，落实《国务院关于加快培育外贸竞争新优势的若干意见》的比例为 42%，落实《关于进一步做好新形势下就业创业工作的意见》的比例为 48%，各地、各部门出台的相关政策文件累计超过 2000 件，形成了从创意培育、项目支持、企业孵化到价值实现、创业板上市的全生命周期政策支持链条。北京市、广东省、上海市、江苏省和浙江省等地的"双创"氛围较为浓厚，社会关注度相对较高。

值得注意的是，各地"双创"政策措施实施情况及成效存在明显差异。为准确把握这种区域差异，我们借鉴国际通行的创业评估指标体系，从活力、信心和环境 3 个维度对区域"双创"活跃程度进行了测度。结果显示，北京市、江苏省、广东省、浙江省、上海市排在前列，显示出较为旺盛的活跃程度，而云南省、甘肃省、新疆维吾尔自治区、贵州省、辽宁省排名靠后，主要差距体现在"双创"环境和信心两方面。从区域来看，华东地区和华北地区的"双创"活跃程度相对较高，东北地区问题较为突出，辽宁省、黑龙江省、吉林省"双创"表现不尽如人意，与其所拥有的科技资源优势不符。

（二）值得重视的几个问题

（1）政策遍地开花，精耕细作不够。一是各地、各部门出台政策文件多，但针对性不强，激励力度不够，政策质量不高，存在重量不重质的现象。出台政策文件多，一方面说明各地、各部门重视"双创"，支持力度不断加大；另一方面不利于稳定地方政府和社会公众的心理预期，削弱了执行政策的积极性和紧迫感，政策执行的激励机制失效。有的地方反映，上一个文件的精神还没有来得及消化吸收，下一个文件就来了，而且地方与中央层面的政策存在"一个口径说话、上下一般粗"的现象，对创业个体和企业多样化的需求响应不够，缺乏亲和力。二是政策出台过程中部门协同不够，碎片化、孤岛化严重，导致国务院文件在凝聚最大共识基础上营造的统一政策空间不断被横向割裂、纵向扭曲，政策含金量层层截留，上位文件逐级虚置，成为空文。三是对政策解读、宣传、推广不够，仍然存在信息不对称等问题，影响政策落地实施。一些创业者和小微企业负责人也表示，由于缺少专人跟踪研究政策，不能完全消化、理解政策内涵，再加上一些政策申请条件较高，所需资料复杂等，只能知难而退。对科技工作者的调查显示，财政资金支持力度不够、尚未形成良好创新创业生态环境、单位没有出台配套政策等仍是突出问题。

（2）政策执行中不同程度存在"上面踩油门、中间挂空挡、基层不松刹车"的现象。一是政策接力效应差，政策执行的传导时间长，"上面是互联网时代，下面还在使用鸡毛信"。例如，中关村先行先试"技术人员股权奖励税收优惠政策"，但2013年只有1家企业在税务部门办理了分期缴纳个人所得税备案，2014年只有20人享受了这项优惠政策。有的地方反映，企业已经了解中央相关政策并找到有关部门要求享受优惠政策，具体执行人员却以还未接到文件来搪塞推诿，不肯担责。二是个别地方存在"双创"形式化的倾向，热衷于"搭花房、做盆景"，在培育"双创"生态环境方面用心用力不够。一些地方支持众创空间的政策存在"重物理空间，轻价值空间"的现象，追求"高大上"，甚至出现只有面积达到 5000 平方米才能享受优惠政策的规定。三是个别税收政策不利于激励"双创"。在基层调研时，企业强烈反映 2015 年新出台的个人所得税政策，在创意、知识产权、风险投资尚未获得收益之前，即已开始征税，不利于激发民间个人投资活力。

（3）体制改革滞后的刚性约束明显，政策难以有效落实。一是科研机构行政化和管理僵化问题突出，科技成果收益权政策难以落实，对科技工作者参公管理，造成创新创业的窘境，"谁转化谁倒霉"的心态有所蔓延。2015 年科技工作者状况调查显示，只有 15% 的科技工作者所在单位允许离岗创业，河北省为 17%，北京市只有 10%。个别地方把科技工作者离岗创业按"吃空饷""在编不在岗"处理。高校和科研院所对副处级以上干部在企业兼职严格控制，许多担任行政领导职务的科技工作者对转化科技成果失去兴趣，唯恐陷入"国有资产流失"的雷池。二是政策执行问责与资金使用绩效问责不衔接。各地反映财政资金支持"双创"效果比较明显，但有的地方提出使用财政资金支持成果转化，存在绩效考核和审计风险，免责心态突出。三是对"双创"中出现的新模式、新业态，特别是对"互联网＋"领域的跨界融合创新，在市场准入和市场监管方式上严重滞后，仍沿袭传统的管理思维和方式。例如，股权众筹是解决小微企业融资难、融资贵问题的新模式，但在支持自然人股东方面还存在法律和制度障碍。又如，环保产业是发展较快的新兴产业，但有的地方要求企业承担环保工程项目必须具备资质，而申办资质又要求从事过相关工程，形成了"死循环"，催生了证书转租等不合法现象。

（4）"草根"创业踊跃，"双创"主力军缺位。一是新增企业质量不高，存在成功率低、实体经济占比低、科技含量低等"三低"现象。全国新增企业注册后没有开业运营的有 30% 左右，已开业的也大多集中在服务业领域，生产性服务业和知识密集型服务业领域创业者少，基于创新的优质企业更少。服务业就业比重落后于增加值比重的格局尚未得到明显转变，服务业所有制结构仍以国有经济为主导，远高于同期制造业国有经济比重。二是科技工作者作为"双创"主力军的作用还未充分调动激发出来，本应成为"双创"主力军的高校、科研机构和国有企业，创新创业活力依然不足。高校认为教师创业会影响教学效果，科研院所将研究骨干流失率作为内部管理指标，所以尽管有意创业的人不少，但真正付诸行动的不多。调查表明，尽管60.0%的科技工作者有创业意愿，但真正开始创业的只有2.5%，在科研院所这一比例甚至只有1.2%。三是大学生创业热情高，但质量不高，学校名气越大、学生学历越高，毕业学生的创业意愿反而越低。

（5）政策因人、因企、因制而异现象比较普遍，普惠性差。一是政策实施过程中过分强调创业者的身份、资格认证，很多政策对户籍、学历、身份有明确要求，对不同所有制的创业个体和企业还存在歧视，一些直接让利市场主体的优惠政策，所需认证、证明类手续更多、更复杂，形成政策"天花板"，使优惠政策看得见却摸不着。二是在一些地方，体制内外"冰火两重天"，一些民营孵化器由于很难符合评审的"硬指标"，无法申请到政府补贴。三是"钓鱼性"的考核指标、评审和审批环节仍广泛存在，人为造成"政策洼地"，甚至还有一边减少审批事项一边衍生新的审批事项的现象。针对大学生的创业贷款政策附加条件过多，与社会人群创业担保贷款政策相比甚至没有任何优势，政策形同虚设。调查显示，80%的大学生创业资金依靠家庭支持或个人积蓄。

（6）面向全球创业竞争的政策准备还不足。当前，对优质创业资源的争夺已成为欧美发达国家的主要战略。在创建最优的企业创业生态环境、实施最优的创业人才政策等方面，我们与欧美等创新强国之间仍存在相当大的差距。20世纪90年代，以美国斯坦福大学为核心的硅谷长期引领全球信息技术创新创业浪潮，以及近年来美国麻省理工学院代表的科研创新力量催生了波士顿地区的生物医药、机器人产业革命，秘诀都在于以人为核心的创新创业生态环境的营造。世界银行发布的《2015年全球营商环境报告》显示，中国大陆地区的经商便利度指数排在全球第90位。在全球创业市场竞争进入白热化的形势下，英国提出了"打造英国硅谷"的口号，不遗余力地出台各种扶持年轻人在英国创业的政策。2014—2015年每7家英国初创企业中就有1家是外国人创立的，华人创业者数量排在第5位，大约有25000人。高质量创业活动的缺乏、优质创业资源的外流将会对我国长远的竞争力形成威胁。

（三）若干建议

（1）聚焦"双创"主力军，加大政策的精准支持。适当把握政策出台的频率和节奏，着力在细化和深化上下功夫。以科技成果转化收益权政策为突破口，推动技术的资本化、资本的人格化，真正让科技工作者依靠科技致富，全面激发高校、科研院所和国有企业科技工作者创新创业的积极性。鼓励国有企事业单位在发展基金科目下增设"知本金"子科目，专门用于按知分配，允许对国有企业核心骨干科技工作者在内部创业中持有股份，激发企业研发人员创新创业的热情与活力。要针对海外留学人员回国创业增多的趋势，加强离岸创新创业基地建设，对标国际一流政策环境，加大政策创新扶持力度，不求所有、但求所用，力争在全球创新创业人才双向流动中把握主动。对于股权众筹融资平台等目前还看不准的新业态、新模式，在监管上不要急于卡死，要尊重一线企业的首创精神，允许试、允许闯、留有发展空间，在实践中探索和完善监管模式。

（2）加强政策协同，把政策措施落实的重点放在基层。加大部门之间的协调力度，增强系统性，构建统一开放的政策空间和制度空间，在这个空间之下，所有针对"双创"活动的政策是统一的，不因人而异，也不因企业性质而异，确保"双创"政策的普惠性。协调督促各地根据当地实际及时调整相关政策法规，跟进出台配套措施，避免政策上下一般粗，切实突破政策落实"最后一公里"的问题，确保"双创"政策能落实能见效。坚定不移地做好简政放权，破除户籍、学历、身份等的限制，降低交易成本，做大创新创业的"底盘"，实现更加公平高效的创新创业。

（3）建设互联互通的国家"双创"公共服务云平台。以解决"双创"资源分散重复、封闭，孤岛化、碎片化等问题为突破口，按照开放、协同、融合、共享的原则，建设服务全社会的创新创业公共基础设施。以互联网思维深度整合线上线下资源，推动人才、技术、成果、专利、金融、市场等"双创"要素的高效整合，填补从创意、孵化到市场实现的鸿沟。依托云平台推进跨部门的数据共享和开放，为政府和"双创"个体、企业提供公共信息。加大政策宣讲力度，提高政策知晓度，增强执行政策的自觉性，接受社会监督，凝聚社会力量，推动政策落实。

第三章

基层公共医疗设施建设、使用和管理
政策措施落实情况评估

    2015 年 10 月—11 月，受国务院办公厅委托，中国科协对国务院出台的基层公共医疗设施建设、使用和管理政策措施落实情况开展第三方评估。[①] 中国科协党组高度重视评估工作，明确指示要依托中华医学会、中华中医药学会、中华预防医学会、中国药学会等全国学会，组织熟悉相关政策、富有基层公共医疗卫生工作经验的专家学者，形成由两院院士、医疗卫生政策专家、基层医疗卫生机构负责人和医务科技工作者组成的评估团队开展评估。在为期 1 个月的评估中，中国科协发放并回收调查问卷 38603 份，调查对象包括基层医疗卫生机构、政府办基层医疗卫生机构医务人员、乡村医生和城乡居民；组织 60 多位专家对云南省、广东省、福建省、山东省、江苏省、河南省、贵州省、四川省、湖南省、西藏自治区等 10 个省（自治区）进行现场调研，实地考察 23 个村卫生室、19 个乡镇卫生院和 30 个社区卫生服务中心（站），面访基层医疗卫生机构负责人、医务人员、乡村医生和普通患者，并先后组织地方卫生和计划生育、药品监督管理、财政、发展和改革、人力资源和社会保障等相关部门负责同志参加座谈会 20 多次。评估报告得到了当时的分管副总理的充分肯定，对国家卫生和计划生育委员会（现为国家卫生健康委员会）下一步的工作部署提供了重要参考，对医药卫生体制改革产生了积极的推动作用。

---

    ①   未对中国香港、澳门、台湾地区进行评估。

一、评估背景

2009 年 4 月，《中共中央国务院关于深化医药卫生体制改革的意见》发布，标志着新一轮医药卫生体制改革正式启动。此后，国务院陆续发布了具体的改革举措，总体目标是建立健全覆盖城乡居民的基本医疗卫生制度，为群众提供安全、有效、方便、价廉的医疗卫生服务。具体目标是包括建设覆盖城乡居民的公共卫生服务体系、医疗服务体系、医疗保障体系、药品供应保障体系，形成四位一体的基本医疗卫生制度；同时完善管理、运行、投入、价格、监管体制机制，加强科技、人才、信息、法制等 8 项支撑机制建设，保障卫生体系有效规范运行等。

至 2015 年 10 月中国科协收到评估任务时，新一轮医药卫生体制改革已实施 6 年，步入了改革深水区。在这 6 年里，国家层面曾密集出台了一系列深化医药卫生体制改革的政策文件，体现了党中央、国务院对人民群众生命安全和身体健康的重视，也体现了政府主动作为、推动改革的决心。经过 6 年多的改革实践，我国基层医疗卫生服务体系建设取得了阶段性显著成效，基层服务能力显著提升，基层就医条件明显改善，基层医疗卫生服务可及性显著提高；基层医疗卫生机构运行新机制初步建立，基本药物制度的实施结束了以药补医的历史；分级诊疗制度开始破题，基层医疗医疗卫生均等化水平显著提高，基本公共卫生服务覆盖面进一步扩大；基层医疗卫生人才队伍不断壮大，乡村医生队伍基本稳定。但政策落实"最后一公里"的问题依然存在，体制机制仍有待完善；人口老龄化、疾病图谱的新变化、环境生态问题引发的疾病、职业卫生疾病等，也使医疗卫生服务供给的结构性矛盾日益突出，给基层医药卫生体制改革带来了新挑战。同时，2015 年是全面完成医药卫生体制改革"十二五"规划、谋划"十三五"发展的重要一年。在这个关键时间节点上，发挥中国科协所属学会的专业优势，组织开展基层公共医疗设施建设、使用和管理政策措施落实情况的第三方评估，对相关政策的落实情况、实施效果进行全面客观的总结，为下一步医药卫生体制改革的推进提供参考借鉴，具有十分重要的现实意义。

二、评估方案

（一）评估基本原则

评估工作始终坚持第三方独立、客观、公正的基本原则，兼顾科学性、针对性和可操作性要求，紧紧围绕评估重点，加强顶层设计，强调问题导向；以数据收集、问卷调查和实地访谈为基础性信息来源，将定性分析和定量分析结合，实现科学评估和立体评估效果。

（二）评估的组织实施

中国科协负责评估工作的总体领导和顶层设计，中华医学会、中华中医药学会、中华预防医学会牵头组织有关两院院士、政策专家、基层医疗卫生管理人员和科技工作者组成评估专家组，联合相关领域专业机构，发挥科协系统的组织优势，广泛开展问卷调查和实地调研，精准收集数据案例，全面深入开展评估。

1. 评估队伍

（1）中国科协。组建评估工作领导小组，由时任中国科协党组成员、书记处书记的王春法同志任组长，调研宣传部、创新战略研究院主要负责同志任副组长，有关部门负责同志为小组成员。领导小组负责评估工作的总体设计，研究制定评估工作方案，统一指导协调推进评估工作，按要求向国务院提交评估报告。

（2）全国学会。中华医学会、中华中医药学会、中华预防医学会牵头组织有关两院院士、政策专家、基层医疗卫生管理人员和医务科技工作者组成评估专家组，研究细化评估重点，提出具体评估指标，整理相关研究资料，收集相关数据，组织专家深入基层开展实地调研，指导开展问卷调查，研究提出突出问题，从业务和政策方面对评估报告起草进行把关。

（3）地方科协。根据国家医药卫生体制改革试点省份及人口分布情况，确定北京市、江苏省、广东省、福建省、黑龙江省、湖北省、湖南省、山东省、河南省、四川省、贵州省、云南省、陕西省、新疆维吾尔自治区、西藏自治区等15个省（自治区、直辖市）科协参与评估工作。地方科协配合开展本省有关基础数据的收集，按要求开展调查点抽样，及时组织完成调查问卷的填报，协助实地调研组开展工作。同时，组织开展本地区评估工作，及时向中国科协及本地党委和政府提交评估报告。

（4）专业研究机构。邀请中国协和医科大学人文学院等专业机构的研究人员组成评估工作小组，具体负责基础数据收集整理，调查方案、调查问卷设计，调查数据分析，参与评估报告起草。

2. 评估依据、内容和范围

本次评估以党的十八大以来国务院相关部门出台的推进基层公共医疗设施建设、使用和管理的政策措施为主要依据，对国务院委托的重点内容进行评估。

（1）评估依据。包括《建立和规范政府办基层医疗卫生机构基本药物采购机制的指导意见》《国务院关于建立全科医生制度的指导意见》《关于巩固完善基本药物制度和基层运行新机制的意见》《关于深化医药卫生体制改革重点工作任务》《关于推进分级诊疗制度建设的指导意见》《国务院办公厅关于完善公立医院药品集中采购工作的指导意见》《国务院办公厅关于进一步加强乡村医生队伍建设的指导意见》《国务院办公厅关于进一步加强乡村医生队伍建设的实施意见》。

（2）评估内容。①村卫生室、乡镇卫生院、社区卫生服务中心（站）等基层医疗卫生机构标准化建设推进情况、卫生服务能力及实际利用情况；②基层首诊、双向转诊制度落实情况；③村卫生室、非政府办基层医疗卫生机构实施基本药物制度进展情况；④乡村医生队伍建设情况、有关政策落实情况。

（3）评估范围。重点区域包括北京市、江苏省、广东省、福建省、黑龙江省、湖北省、湖南省、山东省、河南省、四川省、贵州省、云南省、陕西省、新疆维吾尔自治区、西藏自治区等15个省（自治区、直辖市）。重点机构是乡镇卫生院、村卫生室、社区卫生服务中心（站）等基层医疗机构，重点人群是乡村医生、普通患者。重点指标：①基层医疗卫生机构标准化建设推进状况；②基层医疗卫生机构服务能力、首诊和双向转诊实施效果；③乡村医生队伍建设状况；④基层医疗卫生机构基本药物制度实施状况。

3.评估方法

（1）数据分析。围绕基层公共医疗设施建设、使用和管理情况，对全国相关面上数据进行收集整理，并对重点省（自治区、直辖市）的相关数据比较分析。

（2）问卷调查。针对乡镇卫生院等基层医疗卫生机构、乡村医生、城乡居民设计不同的调查问卷。有关地方科协按要求开展调查地点抽样，确定符合要求的调查对象，组织调查对象在网上填报基层医疗卫生机构负责人和医务人员问卷（表3-1、表3-2）、城乡居民基层医疗卫生服务满意度问卷（表3-3）。中华中医药学会按要求开展调查地点抽样，组织符合条件的乡村医生在网上填报乡村医生问卷（表3-4）。有效调查问卷总量约20000份。调查结束后对数据进行整理和分析，提出问题。

表3-1　基层医疗卫生机构负责人问卷设计

一级指标	二级指标	三级指标
机构基本情况	机构基本信息	机构类型、名称、地址、人员情况、建筑面积
	机构服务情况	服务人口、床位数、近3年门急诊人数、近3年出院人数、转入人数、转出人数、电子健康档案建档率、健康讲座次数、产妇分娩次数、近3年人员流失情况
标准化建设情况	科室设置	临床科室
	检查设备	生化分析仪、心电图、B超、CT等配备情况及使用情况
	建设经费	中央专项建设资金获得情况
	标准化建设完成情况	是否完成标准化建设

续表

一级指标	二级指标	三级指标
标准化建设情况	信息化建设	药品采购和使用信息化管理情况
	管理情况	与3年前相比服务条件改善情况、利用率、是否纳入乡村卫生服务一体化管理
基本医疗和基本药物情况	信息联通	医疗信息系统接入、联通情况
	医疗服务	开展的服务项目、全科医生签约服务情况
	经费落实	来源、足额与否
	中医诊疗	中医诊疗量
	基本药物制度	基本药物采购参与情况
法人信息		性别、年龄、最高学历、技术职称、月收入、执业情况

表 3-2　基层医疗卫生机构医务人员问卷设计

一级指标	二级指标	三级指标
个人信息		性别、年龄、从业年限、最高学历、技术职称、工作类别、月收入、执业机构信息
服务能力状况及利用	知识储备	知识能力是否满足需求、培训次数、培训效果、脱产培训收入情况
	医学常识	食盐日推荐量、食用油日推荐量
	服务能力	近3年公共卫生服务能力提升情况、近3年基本医疗服务能力提升情况、需要提升的方面
基层标准化推进情况	设备设施条件	仪器配备是否满足需求、预防保健面积是否满足需求
	管理情况	与3年前相比服务条件改善情况、利用率、标准化建设推进满意度
基本医疗和基本药物情况	基层首诊、双向转诊情况	基层首诊意愿、"小病在社区"5年内实现度、推荐的"基层首诊、双向转诊"模式
	基本药物制度	基本药物能否满足患者需求、是否减轻患者负担、能否满足诊疗需求、收入变化、"基层首诊、双向转诊"推广的障碍

表3-3　城乡居民基层医疗卫生服务满意度问卷设计

一级指标	二级指标	三级指标
个人信息		性别、年龄、最高学历、居住地、医保状况
社区首诊和双向转诊	社区首诊	首选就诊医疗机构类型、考虑因素、若有大医院专家坐诊是否愿意基层就诊
	转诊	转诊进行康复治疗的意愿、不愿转诊的原因
基本医疗服务满意度	满意度	与全科医生（团队）建立稳定契约服务的意愿、对基层医疗卫生机构硬件设施条件的满意度、就诊环境满意度、总体医疗服务能力满意度、最不满意的方面
基本公共卫生服务满意度	健康管理	是否建立健康档案、获取健康知识渠道、参加健康讲座次数、食盐日推荐量、食用油日推荐量
	慢病管理	是否患有慢性疾病、筛查机构类型、对基层医疗卫生机构慢性疾病管理的满意度
基本医疗和基本药物情况	基本药物制度	是否了解基层医疗卫生机构基本药物零差价规定、是否减轻负担、基本药物能否满足患者需求、是否从药店购买、基本药物制度推广的障碍

表3-4　乡村医生问卷设计

一级指标	二级指标	三级指标
个人信息		性别、年龄、从业年限、最高学历、执业资格、月收入、从业机构信息
服务能力状况及利用	服务范围	服务人口、服务辖区面积、科室设置、月均服务人次、转诊人次、是否承担公共卫生服务、经费是否到位、公共卫生服务任务与工资分配比例是否明确
	医学常识	食盐日推荐量、食用油日推荐量
	服务能力	近3年公共卫生服务能力提升情况、近3年基本医疗卫生服务能力提升情况
教育培训	培训频率	培训次数、培训时间、乡镇卫生院指导情况
	培训内容	希望的培训内容、培训方式、乡村医生医疗服务能力最需要改善的方面

续表

一级指标	二级指标	三级指标
基本医疗和基本药物情况	基层首诊、双向转诊情况	基层首诊意愿、"小病在社区"5年内实现度、推荐的"基层首诊、双向转诊"模式
	基本药物制度	基本药物能否满足患者需求、是否减轻患者负担、能否满足诊疗需求、非基本药物使用量占比、是否存在诊所基本药物比其他渠道价格高的情况、收入变化、"基层首诊、双向转诊"推广的障碍
中医药在农村推广应用	中医药诊疗情况	是否使用中医药诊疗
	培训情况	需要哪些中医药知识和技能培训
	推广障碍	限制中医药基层推广的原因
基层标准化建设	设备设施条件	是否进行标准化建设
	管理情况	与3年前相比服务条件改善情况、利用率、标准化建设推进满意度、推进过程中遇到的困难

（3）调研座谈会。组织调研专家分赴有关重点省（自治区、直辖市），围绕基层医疗卫生服务体系建设、规模效率、健康信息服务设施等评估内容，组织相关调研座谈会，听取基层公共医疗设施建设、使用和管理者的意见和建议。

（4）现场访谈。根据评估专项访谈提纲及计划安排，对重点区域、重点机构、重点人群进行访谈调研，深入了解相关地区基层公共医疗设施建设、使用和管理情况，估测基层医疗卫生服务资源的分配情况，评估基层医疗卫生服务业改革的推进效果。

4.成果形式

（1）综合评估报告。在广泛调查研究基础上，形成《基层公共医疗设施建设、使用和管理政策措施落实情况第三方评估报告》，主要内容包括政策落实情况及基层公共医疗设施建设、使用和管理情况的总体判断，主要政策措施实施情况，存在的主要问题及分析，对策建议。

（2）专题评估报告。围绕国务院确定的4项评估重点，各形成至少一份专题评估报告。

（3）地方评估报告。参与本次评估的15个地方科协根据评估工作要求提交一份本地区综合评估报告。

（4）调研数据资料库。根据具体评估指标，系统收集整理基础数据和问卷调查数据，分类汇总实地调研信息，建立数据资料库。

三、评估发现

根据问卷调查、调研座谈会、现场访谈、数据分析，从总体上看，"保基本、强基层、建机制"的要求得到初步落实，基层医疗卫生机构标准化建设情况良好，基本药物制度全面实施，基层首诊、双向转诊制度试点工作积极推进，基层医疗卫生机构运行新机制基本建立，但同时也存在改革总体性、系统性、协同性不够，资源配置存在结构性矛盾，基层医疗卫生人才队伍建设亟待加强等突出问题。

（一）加强基层公共医疗卫生建设的各项政策措施落实情况总体良好

根据党中央、国务院关于深化医药卫生体制改革的战略部署，各地、各部门积极落实李克强总理关于"保基本、强基层、建机制"的要求，各项政策措施积极推进、成效显著，人民群众得到了实惠，普遍反映"看得起病了"。2015年10月的评估调查发现，73.0%城乡居民反映就医负担减轻，70.6%的城乡居民对基层医疗卫生机构就诊环境表示满意，75.1%的城乡居民对基层医疗卫生机构的总体医疗卫生服务能力表示满意。

1. 基层医疗卫生体制改革政策配套体系已基本形成

2009年以来，国务院根据《中共中央国务院关于深化医药卫生体制改革的意见》，围绕全民基本医保制度、基本药物制度、基层医疗卫生机构运行新机制、药品流通秩序、公立医院改革等主要方面推进改革，出台了一系列加强基层医疗卫生体制改革的政策文件（表3-5）。各部门根据国务院有关文件要求也出台了配套政策措施。各地也认真贯彻中央精神并结合实际积极出台具体落实办法和措施，形成了从上到下完整配套的政策体系。

表 3-5　2009—2015 年国务院出台的基层医疗卫生体制改革的政策文件

序号	文件名	发文年份（年）
1	中共中央国务院关于深化医药卫生体制改革的意见	2009
2	国务院办公厅关于印发建立和规范政府办基层医疗卫生机构基本药物采购机制指导意见的通知	2010
3	国务院办公厅转发发展改革委卫生部等部门关于进一步鼓励和引导社会资本举办医疗机构意见的通知	2010
4	国务院办公厅关于建立健全基层医疗卫生机构补偿机制的意见	2010
5	国务院关于建立全科医生制度的指导意见	2011
6	国务院办公厅关于进一步加强乡村医生队伍建设的指导意见	2011
7	国务院办公厅关于印发医药卫生体制五项重点改革2011年度主要工作安排的通知	2011
8	国务院关于印发卫生事业发展"十二五"规划的通知	2012
9	国务院办公厅关于巩固完善基本药物制度和基层运行新机制的意见	2013
10	国务院办公厅关于印发深化医药卫生体制改革2014年重点工作任务的通知	2014
11	国务院办公厅关于完善公立医院药品集中采购工作的指导意见	2015
12	国务院办公厅关于进一步加强乡村医生队伍建设的实施意见	2015
13	国务院办公厅关于印发全国医疗卫生服务体系规划纲要（2015—2020年）的通知	2015
14	国务院办公厅关于推进分级诊疗制度建设的指导意见	2015

2. 基层医疗卫生机构标准化建设总体尚好

2015 年 10 月的问卷调查显示，在基层医疗卫生机构中，69.5% 的村卫生室、59.3% 的乡镇卫生院和 66.2% 的社区卫生服务中心已完成标准化建设，江苏省等地的达标率已经接近 95% 的目标。村卫生室、乡镇卫生院和社区卫生服务中心医务人员对标准化建设的满意度分别为 63.4%、81.6% 和 81.9%。

（1）建筑面积达标率超过 70%。问卷调查显示，村卫生室、乡镇卫生院和社区卫生服务中心的平均建筑面积分别为 102.8 平方米、3364 平方米和 2769 平方米，村卫生室、乡镇卫生院和社区卫生服务中心建筑面积达标率分别为 86.5%、73.8% 和 65.3%。其中村卫生室达标率最高。

（2）乡镇卫生院和社区卫生服务中心科室设置达标率较高，村卫生室功能分区基本实现。问卷调查表明，在乡镇卫生院，全科诊室、中医诊室、康复治疗室和抢救室的设置率分别为 81.4%、79.9%、59.0% 和 80.0%，达标率为 63.2%；在社区卫生服务中心，这些科室的设置率分别为 95.8%、87.8%、79.2% 和 70.1%，达标率为 57.4%。在村卫生室，诊疗室、治疗室、公共卫生室和药房的设置率分别为 75.9%、67.2%、27.2% 和 75.0%。

（3）基本医疗设施配置情况总体较好。问卷调查表明，在乡镇卫生院，心电图机、B 超和生化分析仪配置率分别为 95.3%、93.4% 和 85.7%；在社区卫生服务中心，这些设施的配置率分别为 93.4%、85.8% 和 79.6%。在一些经济发达地区，如广东省、福建省等地，乡镇卫生院和社区卫生服务中心的设施配备情况更好，甚至非标配的 CT 的配置率也接近 10%。

3. 基层医疗卫生机构服务能力有较大提升

2015 年 10 月的问卷调查显示，基层医疗卫生机构医务人员和负责人均认为服务能力得到较大提升，分别有 87.3% 和 84.8% 的基层医疗卫生机构医务人员认为所在机构服务条件较 3 年前明显改善，基本医疗卫生服务能力较 3 年前有所提升。

（1）基本医疗服务能力有所提升。问卷调查显示，2014 年乡镇卫生院、社区卫生服务中心的平均门急诊量分别为 30561 人次和 54119 人次，较 2012 年分别增长 16.3% 和 10.3%；2014 年乡镇卫生院和社区卫生服务中心平均住院量分别为 1341 人次和 513 人次，较 2012 年分别增长 12.5% 和 13.0%（表 3-6）。

表 3-6　基层医疗卫生机构门急诊、住院人数变化趋势　　　（单位：人）

医疗卫生机构	门急诊人数			住院人数		
	2012 年	2013 年	2014 年	2012 年	2013 年	2014 年
乡镇卫生院	26288	28539	30561	1192	1276	1341
社区卫生服务中心	49085	51869	54119	454	499	513

（2）基本公共卫生服务覆盖面进一步扩大。乡镇卫生院、社区卫生服务中心和村卫生室分别有 88.9%、86.3%、87.9% 的医务人员反映，2012—2015 年所在机构公共卫生服务能力得到加强。81.2% 的城乡居民表示对所在区域基层卫生医疗机构的慢性疾病管理感到满意或比较满意（图 3-1），其中直辖市 / 省会城市满意度最高，达到 86.2%。针对儿童、孕产妇、老年人、慢性疾病患者等重点人群的健康档案建档工作普遍开展，68.2% 的城乡居民表示已在社区或乡村建立了电子健康档案。

（3）医务人员素质进一步提高。根据国家卫生计划生育委员会的统计，2014 年村卫生室、乡镇卫生院和社区卫生服务中心大专及以上学历人员占比分别为 7.0%、46.1% 和 65.4%，具有执业（助理）医师资格以上人员占比分别

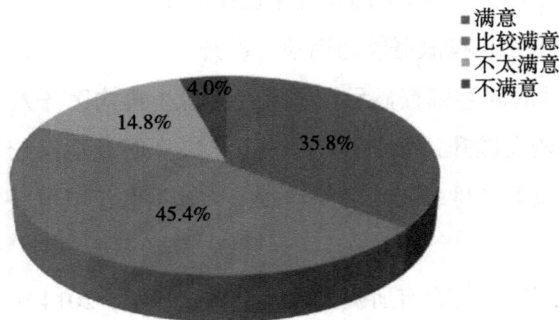

图 3-1　城乡居民对辖区内基层医疗机构慢性疾病管理的满意程度

数据来源：城乡居民满意度调查。

为 20.8%、34.7% 和 36.2%。问卷调查显示，2014 年 76.4% 的基层医疗卫生机构医务人员参加过岗位技能培训，其中社区卫生服务中心医务人员参加培训的比例为 82.1%，乡镇卫生院医务人员参加培训的比例为 62.7%。

4. 基层首诊、双向转诊制度处于试点探索阶段

根据《国务院办公厅关于推进分级诊疗制度建设的指导意见》，各地积极开展分级诊疗试点，取得初步成效。

（1）"新农合"报销制度引导基层首诊取得积极成效。不少地方通过提高基层医疗卫生机构"新农合"报销比例、减免转入乡镇卫生院等基层医疗卫生机构康复治疗的起付费、开展家庭医生签约服务等引导性政策，吸引群众到基层首诊，已取得初步成效。例如，福建省实行差别化医保支付，不同等级医疗机构住院起付线和住院报销比例不同，向下转诊不设住院起付线，2015 年累计诊疗量为 288 万人次，其中"新农合"报销 40 万人次；江苏省医保政策规定参保人员在社区卫生服务机构就诊，个人自付比例显著低于二级、三级医院，拉开不同等级定点医疗机构报销比例的差距，2015 年上半年医保参保职工在基层医疗卫生机构就诊报销比例较三级医疗机构高出 4 个百分点；云南省明显提高基层医疗卫生机构"新农合"报销比例，减免转入乡镇卫生院康复治疗的起付费，文山壮族苗族自治州广南县部分乡镇卫生院和村卫生室还对 65 岁以上老人给予免费住院治疗的优惠，也都收到良好效果。

（2）以医联体、对口支援等方式促进基层医疗卫生机构与综合性医院之间的双向转诊。调查显示，基层医疗卫生机构通过医联体、对口支援、远程诊断等方式，促进基层首诊和双向转诊（表 3-7）。调查显示，25.8% 的乡镇卫生院和 42.1% 的社区卫生服务中心参与医联体建设，53.4% 的乡镇卫生院和 51.5% 的社区卫生服务中心接受对口支援。实地调研发现，各地建立医联体的成效明显，二级、三级公立医疗机构的技术能力辐射到基层医疗卫生机构，城乡居民在社区、乡镇就能享受到大医院专家的优质医疗服务，有利于引导患者有序就医、分层次就医，建立合理的就医格局和秩序。例如，广东省县域内基层医疗卫生机构的诊疗人次和出院人次占比分别为 74.2% 和 35.0%。北京市朝阳区 2012 年启动医联体建设，到 2014 年 6 月已经实现了区域医联体服务全覆

盖，区内所有二级、三级公立医疗机构（包括企业办医院）和社区卫生服务机构参与医联体建设。调查还显示，70.9%的城乡居民表示愿意转诊到基层医疗卫生机构进行康复治疗。

表3-7　基层医疗卫生机构为促进基层首诊和双向转诊采取的措施　　（单位：%）

项　　目	机构类型		区域			总计
	社区卫生服务中心	乡镇卫生院	东部地区	中部地区	西部地区	
远程医疗	11.3	17.2	17.0	10.3	15.9	15.0
接受对口支援	51.5	53.4	57.9	47.5	51.0	52.6
参与医联体	42.1	25.8	33.6	49.3	20.6	32.1
返聘专家坐诊	55.4	22.3	44.1	45.3	20.9	35.1
设置全科医生特岗	40.7	30.6	37.9	35.5	30.8	34.5
以上皆没有	14.2	23.4	17.7	14.0	25.2	19.8

（3）积极探索尝试新型医疗服务模式。调查发现，90.7%的社区卫生服务中心和67.7%的乡镇卫生院有全科医生（团队），与辖区居民建立了稳定的契约服务关系。同时，74.1%的城乡居民愿意与全科医生（团队）建立稳定的契约服务关系。实地调研发现，江苏省在农村地区政府办乡镇卫生院实施健康管理团队服务，全面推开乡村医生签约服务试点，已有704万农村居民与乡村医生签约，试点地区重点人群签约率为41.8%；在城市地区启动家庭医生服务模式创新建设，签约群众享有包含基本医疗、基本公共卫生服务和健康综合管理在内的个性化服务。福建省以签约服务引导居民在基层首诊，截至2014年12月，全省219个社区卫生服务中心已有216个开展了签约服务，签约人数223.7万人，签约率为18.4%；77个县（市）区开展乡村医生签约服务试点，签约人数11.5万人。

5. 基本药物制度有序推进、逐步落实

调查发现，目前政府办基层医疗卫生机构已经普遍实施基本药物制度，非

政府办医疗卫生机构也在逐步采用。根据部分省卫生和计划生育部门提供的材料，江苏省、广东省、山东省、贵州省非政府办医疗卫生机构的基本药物覆盖率分别为 100%、68.3%、24.5% 和 14.4%。经济发达地区非政府办医疗卫生机构的基本药物覆盖率较高，如江苏省已在全省 223 家非政府办基层医疗卫生机构全面实施基本药物制度，覆盖率达 100%，基本药物使用率也达 60.0%。

（1）基本药物目录制定发布，调整机制初步建立。2009 年，我国启动基本药物制度，发布《国家基本药物目录》，基本药物目录原则上每 3 年调整一次。各地也都结合当地实际在《国家基本药物目录》的基础上进行调整增补，确保灵活性和适用性。例如，广东省 2010 年在《国家基本药物目录》基础上增补 244 个品种，2013 年增补 278 个品种，使基本药物品种达到 967 个；贵州省结合当地情况增补省级目录，2015 年基层医疗卫生机构可以选用的基本药物达 877 种；云南省遴选了 166 个补充药物品种，使得乡村一级基层医疗卫生机构的基本药物使用比例达到 80.0%，基本满足日常诊疗需求。

（2）各省普遍建立基本药物招标采购配送平台。2010 年《建立和规范政府办基层医疗卫生机构基本药物采购机制的指导意见》出台后，截至 2015 年 10 月先后有 29 个省（自治区、直辖市）发布了基本药物集中招标采购方案。目前，各省（自治区、直辖市）都普遍成立了专门负责基本药物集中招标采购的机构，搭建了省级基本药物招标平台。江苏省乡镇卫生院、社区卫生服务中心 100% 按基本药物目录配备药物，全省 92.0% 的基层医疗卫生服务机构按基本药物目录配备药物，并可实时结算，财政部门及时向基层医疗卫生机构支付基本药物专项补助资金。

（3）明显减轻群众用药负担。问卷调查显示，73.0% 的城乡居民和 76.5% 的基层医疗卫生机构医务人员表示基层医疗卫生机构实施药品零差价销售后就医负担减轻了。城乡居民和基层医疗卫生机构医务人员对基本药物零差价销售政策认可度较高。基本药物制度的实施促进了合理用药，引导医生更加规范、合理用药，在一定程度上改变了"以药养医"的情况。

6. 基层中医药服务能力明显提升

（1）中医药服务体系建设明显加强。中华中医药学会提供的数据显示，自

2012 年国家五部门联合实施"基层中医药服务能力提升工程"以来，80.9% 的乡镇卫生院和村卫生室设置了中医科室（馆）。实地调研发现，广东省能够提供中医药服务的乡镇卫生院达到 88.0%，基本形成了涵盖预防、治疗、康复、保健、养生的基层中医药服务体系。天津市、河北省、湖北省、浙江省等地开展了以"中医馆"或"国医堂"为代表的社区卫生服务中心和乡镇卫生院中医药集中诊疗区建设。安徽省在全省范围内试行农村中医药县乡村一体化管理，推行统一机构设置、统一人员调配、统一技术服务、统一饮片配送、统一业务管理等"五统一"管理模式，为群众提供规范的中医药服务。问卷调查显示，58.1% 的乡镇卫生院、68.1% 的社区卫生服务中心中医诊疗量超过总诊疗量的10%。按照 2020 年中医诊疗量达到 30% 的目标，2014 年已经有 20.5% 的乡镇卫生院和 32.7% 的社区卫生服务中心达标（表 3-8）。

表 3-8　2014 年基层医疗卫生机构中医诊疗量占比　　（单位：%）

医疗卫生机构	中医诊疗量占比 < 10%	中医诊疗量占比 10%～29%	中医诊疗量占比 > 30%
乡镇卫生院	41.9	37.6	20.5
社区卫生服务中心	31.9	35.3	32.7

（2）基层中医药人才队伍素质进一步提升。在中央财政支持下，截至 2014 年，全国已经建设了 200 个基层名老中医药专家传承工作室，1 万余名乡村医生接受了中医药知识与技能培训，3 万余名基层中医药人员接受全科转岗培训。2011—2014 年，江苏省累计组织 3049 名中医助理全科医生转岗培训；2014 年广东省组织 900 名中医全科医生转岗培训。大部分乡镇卫生院的中医类医师占比超过 25%，能够提供 15 种以上中医药适宜技术服务。乡村医生中认为需要实用技术培训的占 80.6%，需要中药应用培训的占 70.3%，需要学习基础知识的占 52.0%，认为不需要任何中医药知识和技能培训的仅占2.6%。

（3）中医药服务覆盖面逐步扩大。问卷调查显示，截至 2014 年年底，已有 64.9% 的村卫生室、80.2% 的乡镇卫生院和 91.2% 的社区卫生服务中心能够提供中医药服务。2014 年，全国基层医疗卫生机构中医诊疗量为 7.7 亿人次，其中乡镇卫生院和社区卫生服务中心的中医诊疗量分别比 2012 年提升了 24.4% 和 30.9%。2014 年，基层医疗卫生机构中医诊疗量占同类机构诊疗总量的 20.7%。问卷调查发现，45.9% 的乡村医生在诊疗服务中经常使用中医药诊疗方法，35.6% 的乡村医生有时使用（图 3-2）。实地调研发现，不少地区保留了中药饮片加成政策，鼓励和引导基层群众积极使用中医药服务。

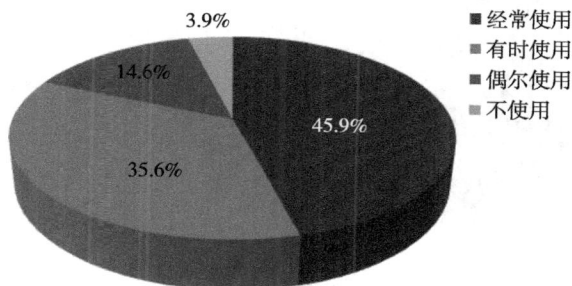

图 3-2 乡村医生在诊疗工作中使用中医药诊疗方法情况

7. 乡村医生队伍基本稳定

（1）配备基本达标。根据统计数据测算，2014 年全国每千服务人口平均配备 1.48 名乡村医生，已超过每千服务人口不少于 1 名的标准，仅有 4 省（自治区）尚未达标。全国每村平均有 2 名乡村医生执业，已超过每所村卫生室至少有 1 名乡村医生执业的标准，有 31 个省（自治区、直辖市）已达标。

（2）素质有所提高。具有执业（助理）资格的乡村医生占比从 2005 年的 10.2% 增长至 2015 年的 20.8%。从学历结构看，2014 年村卫生室中专及以上学历人员占 58.4%（图 3-3），已接近占比 60% 的要求。实地调研的几个省份中，东部地区情况较好，广东省、山东省村卫生室中专及以上学历人员占比分别为 94.2%、86.5%；西部地区情况略差，云南省、四川省村卫生室中专以上学历人员占比分别为 50.5%、42.6%。乡村医生培训制度基本建立起来，各地根据建立健全乡镇卫生院和村卫生室卫生技术人员继续教育和培训制度的条件要求，积极开展乡村医生培训工作。问卷调查显示，2014 年 56.4% 的乡村医生接受过 2 次及以上免费岗位技能培训，42.1% 的乡村医生参训时间累计超过 2 周（表3-9）。

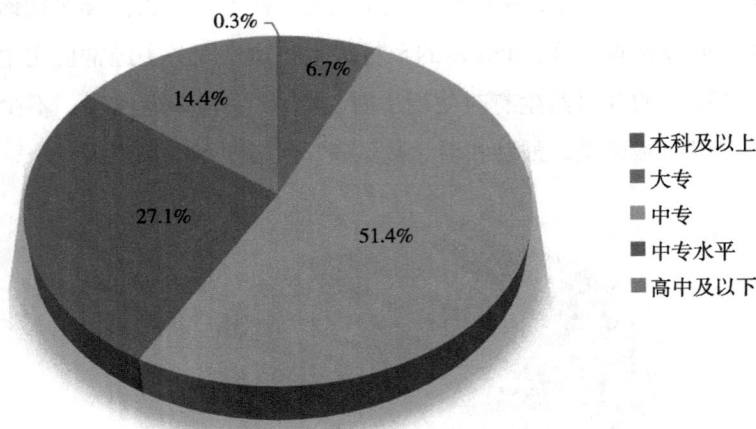

图3-3　村卫生室人员学历

数据来源：《中国卫生和计划生育统计年鉴》（2015 年）。

表3-9　乡村医生参加免费岗位技能培训次数情况　　　　（单位：%）

培训人员	无	1 次	2 次	3 次及以上
村卫生室医生	11.9	30.4	26.5	31.3
个体诊所医生	19.0	26.6	25.9	28.5
合计	14.7	28.9	26.2	30.2

（3）收入水平有所提高。各地乡村医生的收入主要由三部分组成：乡村医生实施基本公共卫生服务项目所得的服务收入、乡村医生接诊患者一般诊疗费收入和国家针对零差价销售基本药物的专项补助。为稳定乡村医生队伍，各地加大了对乡村医生的补助力度。例如，福建省给予乡村医生的补助包括乡村医生津贴 1200 元 /（人·年），基本公共卫生服务补助约 10000 元 /（人·年），药品零差价销售补助 5000 ～ 8000 元 /（人·年），一般诊疗费按照 3 ～ 6 元 /（人·次）计提。乡村医生收入水平普遍提高，对稳定乡村医生队伍发挥了

重要作用。问卷调查数据显示，57.9% 的乡村医生月收入超过 3000 元，其中 38.8% 的乡村医生高于 4000 元，22.1% 的乡村医生高于 5000 元（表 3-10）。

表 3-10　乡村医生月收入情况 （单位：%）

区　　域	<1000 元	1001～2000 元	2001～3000 元	3001～4000 元	4001～5000 元	>5000 元
全国	3.9	15.9	22.3	19.1	16.7	22.1
东部地区	3.6	15.3	21.1	19.4	16.5	24.0
中部地区	4.0	17.0	25.1	18.6	15.9	19.4
西部地区	4.3	14.5	18.3	19.8	18.7	24.6

8. 城乡居民尤其是广大农民得到了实惠

（1）城乡居民看得起病了，也敢看病了。通过建立覆盖全民的医保制度，城乡居民的医疗卫生服务需求呈现"井喷"式增长，"小病扛、大病躺"已经成为历史；随着医疗卫生机构标准化建设和服务能力的提高，基层医疗卫生机构的门诊量和住院量大幅度增长，医疗服务质量也有较大提升。《2013 第五次国家卫生服务调查分析报告》显示，与 5 年前相比，两周患者未就诊的比例下降了 22 个百分点，居民应住院未住院比例下降了 8 个百分点，77.2% 的居民认为家人就医方便程度明显改善，46.6% 的居民称家人就医花费显著减少。

（2）基层公共卫生服务体系建设得到加强，让"群众少得病"正在成为现实。政府为城乡居民免费提供的 12 大类 45 项国家基本公共卫生服务，已经成为预防疾病、维护健康的第一屏障。近年来，传染病和感染性疾病发生率、孕产妇和新生儿死亡率均显著下降，城乡居民人均期望寿命显著增加，这在很大程度上归功于基层医疗卫生机构及医务人员发挥的健康"守门人"作用。

（3）乡村医生作为农村居民健康"守门人"的作用基本实现。据统计，2014 年我国村卫生室的医疗服务量达 19.9 亿人次，占基层医疗卫生机构医疗服务量的 45.5%，乡村医生已经成为我国农村医疗服务的主要力量。调查表明，乡村医生平均服务人口4248人，月平均服务720人次；52.8%的乡村医生反映农村慢性疾病及多发病患者希望基层首诊；农村居民对乡村医生的信任度有所提升，乡村医生作为农村居民健康的"守门人"的作用得到加强。此外，"新农合"发挥积极作用，广大农民的用药负担普遍减轻，医疗需求基本得到满足。

（二）值得关注的突出问题

总体上看，基层公共医疗卫生设施建设、使用和管理中的结构性问题比较突出，主要体现为各地医保、医药、医疗改革进度不同步，标准化建设超标与未达标同时存在，医疗卫生设施闲置和紧缺现象并存，基层医院"吃不饱"但大医院"看病难"。这些问题制约了基层医疗卫生资源的有效利用和作用发挥。

1. 改革的系统性、整体性和协同性差，部门之间"同事不同调"

（1）"三医"不联动。一直以来，药品质量和药品价格分属不同部门管理，"新农合"、城镇职工医保和城镇居民医保也分属不同部门管理并独立运行，"同省不同策、同县不同策、同家不同待遇"等问题十分突出，政策不衔接，推诿扯皮、效率低下的问题客观存在，制约了基层医药卫生体制改革，医保、医药、医疗"三医"联动推进缓慢。实地调研发现，在基本药物制度实施过程中，基层医疗卫生机构与上级综合性医院之间的基本药物还不能较好对接，乡镇卫生院等基层医疗卫生机构的基本药物品种远远少于二级、三级医院，影响患者向下转诊。医保制度尚未拉开不同等级医疗卫生机构之间的起付线和报销比例差距，还存在定点医疗才能报销的僵硬规定等，不能引导城乡居民合理就医和分级诊疗。有些地方"新农合"政策规定，乡镇卫生院出具的高血压、糖尿病诊断证明不能享受"新农合"报销政策。广东省花山镇卫生院反映，医保给予人均结算定额1700元，这个标准过低，超出的部分由医院承担，造成基层医疗卫生机构不愿接诊患者。

（2）政策"一刀切"。政策设计的初衷往往是好的，但由于缺乏分类指导，实践中难以很好地推行。在基本药物制度方面，现有基本药物招标中"一品、

"一规、一厂"规定过于简单、死板，且"统一招标、统一配送、非二次议价"等定价机制使基层医疗卫生机构难以及时配到价低质优的基本药物。地处偏远的四川省凉山彝族自治州彝海乡卫生院反映："常年配不到价格较低的药物，因为配送服务外包后变成经营性行为，边远区域配送成本高，人家不愿意来，缺药是常有的事。"国家基本公共卫生服务项目是全国统一制定、统一实施、统一量化考核的，共有12大类45小项，但部分服务项目与地方实际需求有所不符。四川省成都高新区社区卫生服务中心介绍，区域内大学多、高技术企业多、年轻人多，不可能严格执行现行规范对高血压、精神病管理率的要求。在中西部地区，有比高血压等慢性疾病更为严重、急迫的地方病、传染病需要进行管理，但所需药物往往不在国家规定的服务项目中。

（3）信息不互通。医保、卫生等相关部门没有建立统一的网络专线，不同部门间的信息系统互联互通程度低，形成"信息孤岛"。例如，四川省凉山彝族自治州冕宁县乡镇卫生院信息化建设接入专线有8条之多，包括"新农合"专线、职工医保专线、公共卫生专线、财务专线、网格化专线、互联网宽带、基层信息化专网、各乡镇计生人员计生E通等，而且每一条专线都得缴纳对应的网络费用。政出多门、多头管理，导致重复建设、资源浪费、操作烦琐、管理成本增加等问题，基层医疗卫生机构苦不堪言。冕宁县卫生与计划生育局工作人员表示，希望在国家层面统一信息系统，加强互联互通，降低成本。

（4）监管难度大。非政府办基层医疗卫生机构的审批和监管的环节多，管理部门分散，准入门槛偏低，导致非基本药物使用比例过高、不合理用药、倒药套利等现象普遍，监管难度很大。问卷调查显示，仅55.0%的村卫生室非基本药物使用量占全部用药量的比例低于20%（表3-11）。显然，相当比例的村卫生室并没有按照规定配备和使用基本药物，也没有严格执行基本药物集中采购和零差价销售的规定，而且村卫生室和非政府办基层医疗卫生机构不合理用药普遍存在。实地调研发现，村卫生室过度使用抗菌药物和过度输液的现象较为普遍，大部分进行抗菌药物输液的只是普通感冒患者，所用药物多为头孢菌素和氧氟沙星。部分发热患者在使用抗菌药物的基础上使用地塞米松，而地塞米松属于激素类药物，将其作为退烧药物是典型的滥用。此外，非政府办医疗卫生机构准入门槛低，许多是租用房屋开办的，一旦出现医疗风险就"跑路"，医疗隐患很大。在四川省调研发现，当地民办医院多为福建莆田医疗资本兴办，医院名称混乱，甚至打着华西医院、同济医院、协和医院等的旗号做广告。四川省凉山彝族自治州冕宁县卫生执法大队的负责同志反映，民营医院的准入门槛不能降低，否则监管太难，出现问题都找不到法人。

表3-11 乡村医生所在诊所的非基本药物使用量占比 （单位：%）

医疗卫生机构	非基本药物使用量占比<10%	非基本药物使用量占比10%~20%	非基本药物使用量占比21%~30%	非基本药物使用量占比>30%	非基本药物使用量占比不清楚
村卫生室	28.1	26.9	17.5	18.9	8.7
个体诊所	22.5	30.3	18.1	18.4	10.6
总计	25.9	28.3	17.7	18.7	9.4

2. 资源配置"重物轻人"，"有钱买枪、无钱养兵"

（1）财政投入"见物不见人"，设备闲置与设备不足并存。目前，财政投入方式不尽合理，过于重视硬件设备等"显性"投入，而对人才培养等"隐性"投入不够，导致基层医疗卫生人才队伍建设严重滞后于硬件建设，影响了基层医疗卫生服务能力及效率提升。在经济条件优越的江苏省昆山市，2008年以来，基层医疗卫生机构基本建设经费累计投入3.1亿元，而人员补助和人才培养经费累计投入1.2亿元，为基本建设经费的38.7%。在经济欠发达地区，人员补助和人才培养经费与基本建设经费的差距更大。河南省2009—2014年省级财政在基层医疗卫生机构的基本建设方面累计投入为42.5亿元，而基层医疗卫生人员补助与人才培养经费为7.8亿元，仅为基本建设经费的18.4%。与对基层医疗卫生人才培养的投入不足相反，不少基层医疗卫生机构存在设备闲置的情况。如四川省凉山彝族自治州冕宁县拖乌乡卫生院配套的B超机和生化分析仪，既无人会操作又无房间放置，只能长期借给疾病预防部门使用；冕宁县河边乡卫生院在推进标准化建设时，配备了一台大型呼吸机，而乡镇卫生院根本没有这样的需求，也无人会操作。在新疆维吾尔自治区南疆地区，很多村卫生室因为没有具备执业（助理）资格的医师和会操作的医技人员，配备的 B 超机、心电图机等根本就没有开封。与此同时，中西部一些欠发达地区设备不足问题突出，如贵州省凯里市西门街道社区服务中心因经费不足而无法购买 B 超机。

（2）基层医疗卫生机构医务人员短缺，编制不足与空编、大量使用临时聘用人员并存。基层医疗卫生机构普遍反映，医务人员短缺，总量不足。在经济较为发达的江苏省，基层医疗卫生机构的人力资源总量相对于服务人群数量也仍显不足。以江苏省昆山市为例，全市社区卫生服务机构医务人员有 1434 人，卫生技术人员数有 1191 人，但实际服务人口数有 300 万，基层医疗卫生服务需求难以得到满足。一方面，各省基层医疗卫生机构人员编制严重不足。云南省文山壮族苗族自治区广南县基层医疗卫生机构编制设置已有 30 年未予调整，难以满足当前医疗服务的实际需求。在湖南省，这一情况也普遍存在，即使是一些获得"全国示范社区卫生服务中心"称号的社区卫生服务中心也存在编制不足的现象。另一方面，本就不足的编制因为无法招到合格人才而存在大量空编现象。据贵州省卫生和计划生育委员会反映，全省乡镇卫生院的空编率为 30.0%；山东省济南市领秀城社区卫生服务中心、云南省昆明市吴家营社区卫生服务中心等也存在类似现象。编制不足与空编导致基层医疗卫生机构不得不大量使用临时聘用人员。问卷调查表明，乡镇卫生院和社区卫生服务中心 32.1% 的医务人员为临时聘用，编制内医务人员与临时聘用医务人员比率约为 7∶3，其中社区卫生服务中心临时聘用人员占比为 38.6%。云南省一些基层医疗卫生机构编内编外人员比率都达到了 1∶1，其中广南县珠街镇卫生院目前在编人员 43 人，编外人员 60 人，坝美镇卫生院在编人员 46 人，编外人员 66 人。

（3）基层医疗卫生机构医务人员服务能力低，人才招录难与业务骨干持续流失并存。一方面，基层医疗卫生机构普遍反映人才招录难。目前医学教育与实际需求脱节，通过五年制、八年制培养出来的医学人才不愿去基层医疗卫生机构。基层医疗卫生机构薪资待遇差、发展前景差、工作条件差，缺乏吸引力，难以吸引人才，尤其是高层次人才。另一方面，业务骨干持续流失。问卷调查显示，2012—2015 年基层医疗卫生机构平均每年每家机构流失的中级及以上专业技术人员 1.6 人，中部地区更严重，超过 2 人（表 3-12）。即使是在一些建设得比较好的城市社区卫生服务中心，也普遍反映高学历毕业生留不住，很多是到基层来培训过渡的或非医技人员。例如，湖南省长沙市望城区乔口镇卫生院 2012 年共招录 10 名专业技术人员，现已有 3 人辞职。进难留难的直接后果就是基层医疗卫生机构医务人员专业素质和服务能力普遍偏低，低学历、低职称、低技术"三低"现象突出，严重影响了基层医疗卫生服务，导致基层医疗卫生业务萎缩。云南玉溪市省易门县龙泉乡镇卫生院 2010 年、2012 年和 2013 年的住院患者分别为 399 人、182 人和 0 人，下降明显；云南省红河哈尼族彝族自治州泸西县乡镇卫生院住院患者由 2011 年的 12760 人减少到 2012 年的 8306 人，降幅为 34.9%。

表 3-12　基层医疗卫生机构中级及以上专业技术人员流失情况　（单位：人）

医疗卫生机构	东部地区	中部地区	西部地区
乡镇卫生院	2.1	2.3	1.6
社区卫生服务中心	1.2	2.6	1.7

（4）中医药人才缺乏。问卷调查显示，基层医疗卫生机构平均有 2.5 名中医类执业医师，约占机构在编人数的 6.7%，远低于西医医师的占比。但 2014 年 61.9% 的基层医疗卫生机构中医诊疗量占比超过 10%，25.2% 的基层医疗卫生机构中医诊疗量占比超过 30%，说明中医医师的工作量饱和，也说明中医人才相对不足。湖南省长沙市岳麓区望月湖社区卫生服务中心的负责人表示，中医诊疗量已达到全部业务的 30%，但中医类执业医师却仅有 4 名，长期超负荷工作。

3. 基层首诊、双向转诊制度落实难，存在"断头路、单行道"现象

（1）大医院"不放手"。从调研情况来看，双向转诊制度的实施效果并不理想，普遍存在上转多、下转少的情况。问卷调查显示，2014 年基层医疗机构平均接受下转患者 41.6 人次，平均上转患者 214 人次，上转与下转的比率达到 5:1（表 3-13）。实地调研发现，多数省份的上转与下转的比率甚至更高，

这一情况具有普遍性。例如，湖南省长沙市岳麓区望月湖街道社区卫生服务中心 2012—2.15 年上转患者 1100 多人次，但下转患者只有 100 多人次，上转与下转的比率超过 10∶1；贵州省凯里市三棵树镇卫生院 2014 年上转患者 88 例，下转患者只有 1 例。部分省卫生和计划生育部门同志认为，落实双向转诊制度的过程，实质是"上转是需求，下转是利益"的多头博弈。从大医院"生存"的角度讲，对创造较高经济效益的患者资源不仅始终不放手，而且还要继续扩大对医疗资源的占有，导致"虹吸"效应有不断放大的趋势。云南省二级以上医院对乡镇卫生院人才、患者的"虹吸"现象十分普遍，个别乡镇卫生院一半的医技人员被吸引到了二级医疗卫生机构，2014 年，云南省昆明市禄劝彝族苗族自治县的 13 个乡镇中只有 4 个乡镇未出现人员流失。山东省、福建省、贵州省等地也都不同程度存在乡镇卫生院和社区卫生服务中心的业务骨干纷纷流向城市大医院的现象。

表 3-13　2014 年基层医疗卫生机构双向转诊情况　　（单位：人次）

医疗卫生机构	平均上转患者	平均下转患者
乡镇卫生院	190	36.9
社区卫生服务中心	255	49.3
总计	214	41.6

（2）基层"接不住"。随着经济社会快速发展，人们生活水平提高，疾病谱也发生重大的变化。目前，农村居民的经常性就诊需求已不再是感冒、感染性腹泻等疾病，心脑血管疾病、肿瘤、高血压、糖尿病等慢性疾病正在成为新的常见病，这种疾病谱的变化导致的医疗需求的层次和复杂性明显提升，基层医生能力明显不足，"接不住"问题越来越突出。由于基层医疗卫生机构服务能力低，全科医生匮乏，很难解决"识大病""接得住"的问题。目前，我国每万人仅拥有 1.27 名全科医生，距每万人 2～3 名的标准还有较大差距。问卷调查显示，仅有 35.0% 的基层医疗卫生机构医务人员认为 5 年内"小病在社区"的目标基本能够实现（图 3-4）。

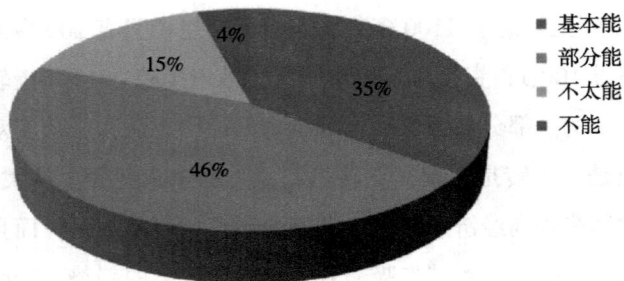

图 3-4　基层医疗卫生机构医务人员对 5 年内"小病在社区"的目标
能否在本辖区实现的看法

（3）群众不愿去。群众不愿意到基层医疗卫生机构就医，既是就医习惯造成的，也是对基层医疗卫生机构服务能力不信任的一种表现。基层医疗卫生机构"诊疗水平低""基层用药少""担心耽误治疗"等是城乡居民不愿到基层医疗卫生机构就诊的主要原因（图 3-5）。针对贵州省的调研发现，基层医疗卫生机构服务能力不高，城乡居民对基层医疗卫生机构技术水平不信任，在健康安全和医疗费用的选择中，城乡居民选择了健康安全。针对湖北省的调研发现，城市社区卫生服务中心医疗服务能力比较薄弱，难以获得社区居民信任，同时高等级医疗机构的服务容易获得，因此城乡居民到社区卫生服务中心首诊的比例要低于农村基层医疗卫生机构。

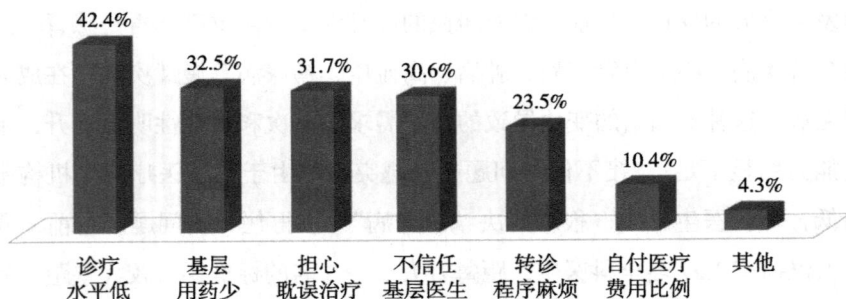

图 3-5　患者不愿意转诊到基层医疗卫生机构的原因

4. 补偿机制和绩效考核机制落实不到位，基本药物制度"看起来诱人，吃起来不香"

（1）药价补偿机制没有完全建立起来。基本药物制度旨在改变"以药养医"的问题，实行零差价销售后需要药价补偿机制补贴降低的收入，以实现向"以药补医"的平稳过渡。2013 年发布的《国务院办公厅关于巩固完善基本药物制度和基层运行新机制的意见》提出，完善稳定长效的多渠道补偿机制。但总体来看，目前补偿渠道单一和不到位的情况仍然存在，各省（自治区、直辖市）主要依靠中央财政支持基层医疗卫生机构运行。国家基本药物制度取消了药品加成，却未能及时完善相关配套补偿措施，不是具体措施缺失，就是补偿金额过少。在实地调研中，很多基层医疗卫生机构反映，实行基本药物制度后收入显著减少，但补贴还不到减少部分的 1/3。问卷调查显示，49.8% 的基层医疗卫生机构医务人员反映实施基本药物制度后收入减少了，59.1% 的乡村医生表示收入减少了（表 3-14）。

表 3-14　实施基本药物制度后基层医生的收入变化　　　　（单位：%）

医疗卫生机构	收入增加者占比	收入不变者占比	收入减少者占比
村卫生室	10.7	30.2	59.1
乡镇卫生院	19.7	64.5	15.8
社区卫生服务中心	14.8	72.0	13.2
总计	12.2	38.0	49.8

（2）绩效工资制度和收支两条线影响了医务人员的积极性。2013 年发布的《国务院办公厅关于巩固完善基本药物制度和基层运行新机制的意见》提出，有条件的地区可以实行收支两条线，基层医疗卫生机构的收入全部上缴，基本医疗和公共卫生服务所需的经常性支出由政府核定并全额安排。实施基本药物零差价销售后，实行收支两条线直接影响了医务人员的经济利益，影响了他们落实基本药物制度的积极性，甚至存在少数医生出于经济利益不愿意开具零差价基本药物的现象，因为收入全部上缴，而支出经费的申请数额不

能超过上缴数额，这很容易给基层实际工作造成困扰。河南省、广东省、福建省、四川省等多地反映，收支两条线严重影响了医务人员的积极性。另外，尽管基层医疗卫生机构实行绩效工资政策，但由于基层医疗卫生机构绩效工资总量限制，以及基础性绩效与奖励性绩效分配比例不合理，未能充分体现多劳多得、按劳分配的原则，一定程度造成了基层医疗卫生机构内部"吃大锅饭"的现象，挫伤了业务骨干的工作积极性。河南省一位乡镇卫生院院长说："由于收支两条线管理，卫生院收入全部上缴，而支出经费申请周期长、计划外费用没有保障，这些经费不够维护卫生院日常支出，导致卫生院运营十分困难，经常会出现工资发不下来的情况。尤其到年底的时候，往往提前一两个月不能再申请资金了，而职工的工资要保证，退休人员的工资要下发，医药、耗材的购进都要集中支付，所以对于镇卫生院院长来说，'过年就是过关，是非常难过的关'。"

（3）政策性缺药现象大量存在。基本药物制度实施以后，基层医疗卫生机构的基本药物品种仍不能完全满足临床用药需求。一是药物目录中品种少，很难满足特殊人群、非常见疾病的用药需求，在一些规模比较大的和具有专科特色的中心卫生院表现尤为突出。广东省广州市花山镇卫生院反映："单纯的基本药物不能完全满足临床需要，部分抢救用药和临床必需用药都未进入基本药物目录。"山东省荣成市卫生部门有关负责人指出："实行基本药物制度以后，药品价格降下来了，但一些药物却买不到了。很多治疗心脑血管疾病、糖尿病等慢性疾病的常见药物没有进入《国家基本药物目录》，如果需要购买只能选择地区医院或二级医院、三级医院才能购到。"二是《国家基本药物目录》的设置未考虑到各地群众的特殊用药习惯，有些常用的、耳熟能详的药物不在基本药物目录之列。以云南省为例，文山壮族苗族自治州广南县坝美镇卫生院使用基本药物 375 种，占药物目录中全部药物的 81.5%，而当地居民常用的伤筋骨丸等价格不贵、疗效较好的临床用药却未能中标列入基本药物目录之中。尽管目前《国家基本药物目录》加上各省的增补目录使各省药物目录中的药物能达到七八百种，甚至八九百种，但实地调研发现，多数基层医疗卫生机构，尤其是村卫生室和非政府办基层医疗卫生机构实际能使用的基本药物只有一两百种，难以满足医疗卫生服务需求。如云南一些村卫生室实际用药数量只有200多种，湖南省一些村卫生室只有100种左右。问卷调查表明，仅33.1%的基层医疗卫生机构医务人员表示本机构提供的基本药物能满足患者需要（图3-6）；只有27.4%的城乡居民认为基层医疗卫生机构提供的药物能满足患者需要。乡村医生认为，基本药物品种少、供应无保障和药品质量差，是影响基本药物在基层医疗卫生机构使用的突出原因（图3-7）。

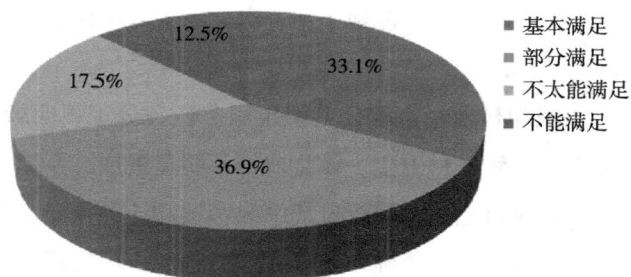

图3-6　基层医疗卫生机构医务人员对本机构提供的基本药物能否满足患者需求的看法

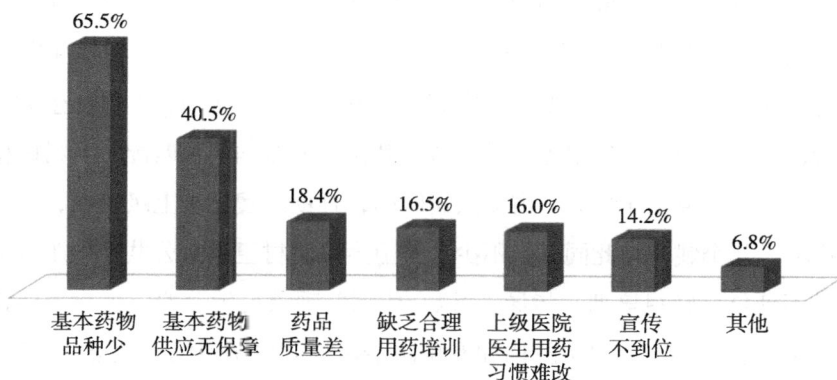

图3-7　乡村医生认为影响基本药物制度在基层推广的突出原因

5. 基层公共卫生服务责任主体与分工不清晰，推诿扯皮现象时有发生

（1）基本公共卫生服务范围过宽、内容过多，基层医疗卫生机构难以承担。基层医疗卫生机构普遍反映，当前基本公共卫生服务涉及面越来越广、内容越来越多、工作量越来越大。2015年，国家基本公共卫生服务包括12大类45项，基层医疗卫生机构依靠现有的服务能力难以承担。与此同时，公共卫生服务项目经费标准低于实际成本，在基层医疗卫生机构难以真正落实。北京市朝阳区社区卫生服务中心2015年的摸底测算显示，完成全部公共卫生服务项目需要84元。过分强调达标率压得基层医疗卫生机构喘不过气。一位全科医生反映："我们大部分的时间都是在做公共卫生服务，随访患有高血压、糖尿病等疾病的老年人1年4次，体检1年1次，老年人不愿意配合，我们完成起来很费时，难以达标。"

（2）乡镇卫生院和村卫生室的公共卫生服务任务分工不明晰，资金截留、防治脱节问题突出。尽管乡村卫生一体化取得了明显进展，乡镇卫生院受县卫生和健康生育局委托对村卫生室实行定期绩效考核和业务指导，但与村卫生室的公共卫生服务任务分工不够明确，甚至在经费分配方面形成了一定程度的竞争关系。问卷调查显示，近40.0%的乡村医生认为在卫生服务任务承担和工资分配方面，乡镇卫生院和村卫生室之间分工不够明确，其中认为不明确的占12.7%，不太明确的占26.6%（图3-8），仅有13.0%的乡村医生认为能够及时全额地收到基本公共卫生服务经费（图3-9）。实地访谈中，乡村医生和乡镇卫生院之间各执一词，推责揽功问题突出。乡镇卫生院认为，乡村医生能力水平不行，获得的公共卫生服务补助经费与其付出的劳动不相匹配；乡村医生却反映公共卫生服务工作量大，占据大量时间，补助经费还被上级克扣，一年到头也挣不了几个钱。与此同时，不少乡镇卫生院对村卫生室公共卫生服务的技术指导不到位，轻视培训和指导，"以会代训"现象比较普遍。疫病预防控制机构、医院、基层医疗卫生机构和专病防治机构间协调不畅，缺乏横向联系，防治脱节问题较为突出。

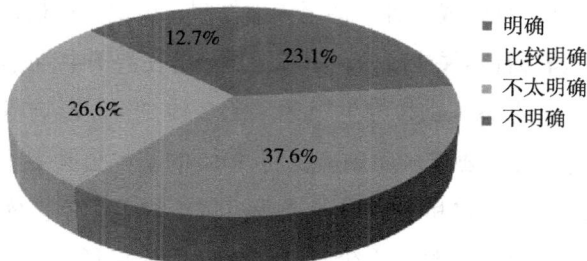

图 3-8　乡村医生对村卫生室与乡镇卫生院在基本公共卫生任务分工和
工资分配比例上是否明确的看法

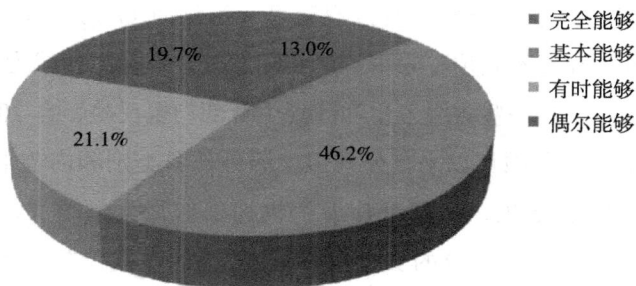

图 3-9　乡村医生对所在机构的基本公共卫生经费能否及时全额到位的看法

（3）"被达标"现象多发。人户分离、人口数据不实容易导致基层医疗卫生考核失真。2015 年《关于做好 2015 年国家基本公共卫生服务项目工作的通知》文件要求以县（市、区）为单位，居民健康档案规范化电子建档率达到 75.0% 以上。问卷调查显示 2014 年基层机构电子建档率为 83.1%，但现场访谈发现不少地方为完成国家标准往往会对地级市提出更高的达标要求，层层加码，片面追求完成率，导致健康档案水分较多；同时，由于未能实现互联互通，部分基层医疗卫生机构的健康档案利用率低，与二级、三级医院不能共享信息，基本为"死档"。四川省有乡镇卫生院反映："通常政府根据户籍人口数量先拨付一部分资金，然后根据完成情况再拨付另一部分资金。实际情况是基本公共卫生服务工作量大，难以真正落实。这导致一些机构为了获得更多的资金补助，敷衍塞责地完成任务，甚至弄虚作假，出现'被精神病'现象。"

6. 乡村医生群体社会关注度低，基本上是一群在苦干中苦盼的"沉默羔羊"

（1）村医承担的基本公共卫生服务"活多钱少"，影响积极性。根据国家卫生和计划生育有关要求，原则上要将40%的基本公共卫生服务任务交由村卫生室承担，考核后将相应的服务经费拨付给村卫生室。实地调研中，乡村医生普遍反映公共卫生服务定价过低，拿到手的更低，"干得越多越赔"。河南省安阳市龙安区东风乡乡村医生反映，给村民健康信息建档，按规定标准应发放金额为每人每年共计8元，但2012年年底仅按每人每年2元的标准发放，2014年上半年按每人每年3元的标准补发，与国家规定的相差3元。2014年度公共卫生服务经费按规定每人每年为17元，但上级却以"年终考核不达标，经费不到位"为由，将实际发放金额标准扣减为每人每年9.8元。调研座谈会上，一些省级卫生和计划生育部门也反映，自2009年开展国家基本公共卫生服务项目以来，公共卫生服务项目类别和内容不断增加，到2015年已达12类45项，基层医疗卫生机构工作量大幅增加，但经费补助低于实际成本，相当一部分的资金拨不下去，"活多钱少"让乡村医生颇有怨言。

（2）乡村医生队伍老化严重。国家卫生计划生育委员会2014年的统计数据表明，全国年龄在45～54岁的乡村医生占21.3%，55～59岁的占10.6%，60岁以上的占22.0%，年龄在25岁以下的仅占0.6%（表3-15）。问卷调查发现，四川省45岁以上的乡村医生占54.0%，60岁以上的占25.0%；河南省50岁以上的超过60.0%；江苏省45岁以上的占63.6%，超龄仍在岗留用的占19.9%；广东省45岁以上的占53.9%；云南省、湖南省、福建省等也反映乡村医生年龄偏大，老化现象严重，超龄服务现象较多，有的甚至80岁了还不退岗。在实地调研中，有些年长的乡村医生坦言，由于收入待遇低、工作任务重、养老问题未能得到妥善解决等问题，他们不希望子女继承衣钵；一些年轻的乡村医生也对自己的前途表示忧虑，年轻一代加入乡村医生队伍的积极性不高，乡村医生队伍后继乏人。

表 3-15　2014 年各年段乡村医生占比　　　　（单位：%）

年龄	比例	年龄	比例
25 岁以下	0.6	45 ～ 54 岁	21.3
25 ～ 34 岁	11.9	55 ～ 59 岁	10.6
35 ～ 44 岁	33.6	60 岁及以下	22.0

数据来源：国家卫生和计划生育委员会统计数据。

（3）缺乏执业风险的化解机制。2015 年的调查显示，78.3% 的乡村医生认为医疗风险大是其执业过程中面临的最突出的问题，这个问题已成为制约乡村医生队伍发展的最大瓶颈（图 3-10）。实地调研发现，乡村医生在行医过程中，缺乏医患纠纷调解、医疗风险化解的有效机制，一旦出现医患纠纷或医疗事故，无论是药品质量的问题还是患者本身的原因，都不得不以医生赔钱了事。河南省安阳市一位患者在村卫生室输液时死亡，在死因不明、责任难分的情况下，乡村医生只得自己支付 33 万元求得和解。类似情况让不少乡村医生感到惶恐，一旦出现医疗纠纷，其个人和家庭都将承受巨大压力，极大地影响了乡村医生执业的积极性。在本次调研的省（自治区、直辖市）中，除广东省、江苏省及福建省部分地区出台政策为乡村医生提供医疗责任保险以降低乡村医生执业风险外，多数地区依然缺乏风险化解机制。

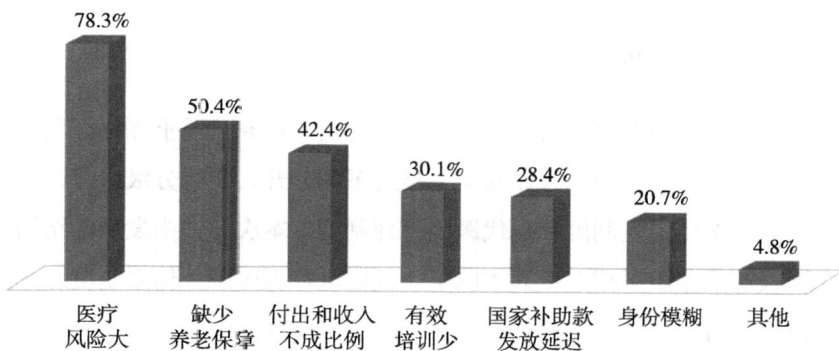

图 3-10　乡村医生反映在执业中遇到各种突出问题的比例

数据来源：乡村医生现状调查问卷。

（4）缺少养老保障。2015年的调查显示，50.4%的乡村医生认为"缺少养老保障"也是其职业发展过程中面临的一大问题。养老问题得不到妥善解决，已成为制约乡村医生队伍发展的另一个重要瓶颈。长期以来，乡村医生缺乏退出机制，许多村医超龄不退，只为等到养老保障措施的出台和落实，或者多拿几年补助。实地调研发现，乡村医生的养老问题是乡村医生反映最多的问题之一，已经成为多数乡村医生的"心头大患"。云南省曲靖市、昆明市、红河哈尼族彝族自治州、保山市等地已退岗的乡村医生，由于无法获得养老保障，生活陷入困境，2013年起就多次集体上访。

（5）整体水平偏低。不少乡村医生由于缺乏正规训练，医学知识明显欠缺，甚至有些缺少基本的医学常识，具有执业（助理）医师资格的村卫生室医务人员也很少，状况堪忧。在西部偏远贫困地区，几乎没有取得执业（助理）医师资格的乡村医生。贵州省凯里市三棵树镇辖区有32个村，总共只有2名具有助理医师资格的乡村医生。云南省乡村医生中只有1327人具有执业（助理）医师以上资格，仅占乡村医生总数的3.5%，连国家2000年提出的目标都没有实现。云南省昆明市禄劝彝族苗族自治县344个乡村医生中，只有3人取得执业（助理）医师及以上职称，文山壮族苗族自治州广南县所有乡村医生均无国家规定的执业（助理）医师资格。专业素养和执业技能不高使乡村医生不能合理用药，不规范使用抗菌药物、滥用抗菌药物、过度输液现象普遍存在。

（三）几点建议

党的十八届五中全会提出推进健康中国建设的任务，要求深化医药卫生体制改革，实行医保、医药、医疗联动，推进医药分开，实行分级诊疗，建立覆盖城乡的基本医疗卫生制度和现代医院管理制度。本次评估中发现的结构性问题，主要根源是基层医疗卫生人才队伍、基层医疗卫生服务体系制度和基层医疗卫生机构运行机制的建设相对滞后。因此，提出以下建议。

（1）以乡镇医疗卫生人才队伍建设为重点，切实提升基层医疗卫生服务能力。首先，在乡镇卫生院标准化建设中要统筹考虑基本建设经费、人才经费补助和人才培养经费，临床科室及设备达标要兼顾合格医生和医技人员的配备。

其次，鼓励探索适合地区经济发展水平和实际医疗需求的政府购买服务方式，吸引二级、三级医院医务人员到乡镇卫生院轮岗或增设特岗，鼓励乡镇卫生院医生到村卫生室定期坐诊，促进业务骨干在县、乡村范围内合理流动，拓展发展空间。最后，完善激励机制，合理确定基础性绩效与奖励性绩效分配比例，以多劳多得的导向激发乡镇卫生院医务人员的潜能。

（2）以制度整合为突破口，切实解决条块分割、上下联动的问题。首先，在中央层面建立国务院医药卫生体制改革领导小组办公室经常性督查机制，细化责任、加强督查。针对存在的突出问题，明确责任分工，以解决存在问题的关键部门为主要负责部门和督查对象，由国务院医药卫生体制改革领导小组办公室统筹协调并负责监督。其次，各部门应突出重点问题，抓好政策攻关。分级诊疗制度相关政策的落实，应由人力资源和社会保障部主要负责，在制定各级医疗机构医保报销比例时应拉开"有效"差距。解决大医院"虹吸"患者问题，应由国家发展和改革委员会主要负责，在制定医药价格时，充分体现出基层医疗卫生机构与大医院在医疗服务价值上的差别，借助市场力量合理调配医疗资源。最后，督导地方政府切实承担责任，提升各省（自治区、直辖市）医药卫生体制改革领导小组层级，由各省（自治区、直辖市）主要领导担任领导小组组长，增强管理和协调权威，统筹协调配套政策的落实，明确责任部门，加快建立统筹协调和督查监管的经常性机制，推动改革取得实效。

（3）以健全基层医疗卫生机构运行新机制为抓手，把更多的优质医疗资源引向基层。首先，处理好政府和市场的关系，积极探索支付方式改革，着力推动"三医"有效联动，加快推进基层医疗卫生机构门诊统筹、医保基金统筹、异地就医统筹，以及基本医疗保险和商业医疗保险结合。其次，完善基层首诊、双向转诊制度，通过构建医联体、加快信息化建设等措施，推动大医院患者向下级合理流动，借助专家坐诊、开辟上转绿色通道等方式，推动分级诊疗制度在2020年初见成效。最后，加大统筹力度，探索基本药物制度配套的补偿机制，确保基层医疗卫生机构实施药物零差价销售后总的收入待遇不降低，保证基层医疗卫生机构服务能力得到有效提升。

四、经验思考

本次评估涉及医疗卫生领域，具有较强的专业性。在评估伊始，评估工作组就充分发挥了科协智库"小中心、大外围"的组织优势，组织中华医学会、中华中医药学会、中华预防医学会、中国药学会的相关专家指导方案设计、问卷设计，并组织了一批专家队伍共同参与实地调研、专家座谈，充分利用了专家队伍的专业性和调动了中国科协创新战略研究院科研人员的能动性。同时，此次评估也为后续开展政策落实类评估积累了宝贵经验，提供了参考借鉴。

《国家中长期科学和技术发展规划纲要（2006—2020年）》实施情况评估

根据2021—2035年国家中长期科学和技术发展规划研究编制工作的需要，中国科协受科学技术部正式委托，于2018年11月至2019年9月组织开展了《国家中长期科学和技术发展规划纲要（2006—2020年）》（本章简称《规划纲要》）实施情况评估工作。此次评估严格按照科学技术部委托函和合同书要求，按时完成各项工作任务，并以中国科协名义向科学技术部正式提交了《规划纲要》实施情况评估报告，为编制2021—2035年国家中长期科学和技术发展规划纲要提供了有力支撑，为进一步推进国家创新驱动发展战略实施和全面深化科技体制改革提出了参考建议。

一、评估概况

（一）评估背景

研究制定和组织实施国家中长期科学和技术发展规划是我国统筹安排科技工作、更好发展科技事业的重要经验和历史传统。在新的历史条件下，党中央、国务院一如既往地高度重视国家中长期科学和技术发展规划制定工作，并相继做出一系列重要部署。

2018 年 7 月 13 日，中共中央总书记、国家主席、中央军委主席、中央财经委员会主任习近平主持召开中央财经委员会第二次会议。会议强调，要聚焦国家需求，统筹整合力量，发挥国内市场优势，强化规划引领，形成更有针对性的科技创新系统布局和科技创新平台系统安排。2018 年 9 月 5 日，中共中央政治局委员、国务院副总理、国家科技体制改革和创新体系建设领导小组组长刘鹤主持召开国家科技体制改革和创新体系建设领导小组第一次会议。会议听取了科学技术部关于研究国家中长期科技发展规划有关建议的汇报。会议要求，按照中央财经委员会第二次会议决策部署，抓紧研究制定国家中长期科学和技术发展规划的有关准备工作；认真总结历次中长期科学和技术发展规划的实施情况，深刻分析我国科技发展现状，全面研判世界未来科技发展趋势，坚持全球化视野，体现改革开放精神，突出战略导向作用，引导未来科技发展；开展专题研究，广泛听取意见，统一思想，凝聚共识。2018 年 12 月 6 日，中共中央政治局常委、国务院总理、国家科技领导小组组长李克强主持召开国家科技领导小组第一次全体会议，研究国家科技发展战略规划、促进创新开放合作，推动落实赋予科研机构和人员更大自主权政策。

为贯彻落实习近平总书记关于科技创新的重要论述和党中央、国务院有关会议精神，科学技术部于 2019 年年初启动了 2021—2035 年国家中长期科学和技术发展规划纲要研究编制工作，并将"加强长远战略谋划，形成中长期科技创新的系统布局"列为科学技术部 2019 年十个方面重点工作之一。

为贯彻落实刘鹤副总理在国家科技体制改革和创新体系建设领导小组第一次会议上关于"要认真总结历次中长期科技发展规划的实施情况"的重要指示，科学技术部于 2018 年 12 月 18 日印发公函，委托中国科协开展《规划纲要》实施情况评估工作，并安排专项经费支持。

（二）工作过程

根据中国科协统筹安排，本次评估由中国科协创新战略研究院执行。为贯彻落实中国科协党组、书记处有关领导指示要求，做好《规划纲要》实施情况评估工作，创新战略研究院成立了评估工作组。评估工作组下设综合协调小组、文稿起草小组、项目推进小组和服务支撑小组，各小组成员均为创新战略研究院创新评估研究所骨干力量，另抽调了创新战略研究院有关部门专业人才参加。评估工作组全面负责评估的组织实施工作，加强过程管理和质量控制，协调有关各方形成各类专项评估报告，组织召开终审评估专家会，形成总体评估报告。

按照时间顺序，评估工作可粗略划分为前期准备、项目启动、实质性评估、形成报告、深化研究5个阶段。

1. 前期准备（2018年11月中旬至2019年3月初）

2018年11月16日，科学技术部战略规划司有关负责同志一行到中国科协商洽评估工作。自那时起，创新战略研究院就组织开展了实质性评估启动前的系列准备工作，主要包括确定评估工作人员、梳理分析国内外相关评估资料、研究制定评估工作方案、召开相关专家咨询会等。2019年3月初，中国科协党组有关领导同志审定同意评估工作方案，前期准备工作基本完结。

2. 项目启动（2019年3月初至4月中下旬）

中国科协创新战略研究院通过竞争性磋商承接了科学技术部科技创新战略研究专项项目合同（任务）——《规划纲要》实施情况评估组织协调和总体评估研究；同时，组织协词国家发展和改革委员会宏观经济研究院等8家国内知名研究机构，分别承接了科技创新战略研究专项项目合同（任务），签订合同（任务书）。此外，还联络协调中国能源研究会等8家全国学会（学会联合体）、北京市科协等6家省级科协和其他4家机构承担了相关评估（研究）工作，制定了评估工作方案，与创新战略研究院签订了评估项目合同。2019年4月3日，首批8个科学技术部战略规划司委托项目启动会召开。4月18日，第二批14个创新战略研究院委托项目启动会召开。

3. 实质性评估（2019年4月下旬至8月底）

中国科协创新战略研究院协调科学技术部战略规划司，通知有关部委和省级政府科技管理部门开展自总结评估工作；协调26家单位项目组，执行评估工作方案，开展重点议题专项评估（研究）、科技领域专项评估（研究）、重点区域评估、科技工作者调查、大数据舆情分析和国际咨询等工作。在实质性评估过程中，定期交流研讨工作进展。2019 年 6 月 20 日、21 日，两批项目进展汇报交流会分别召开。同时，创新战略研究院安排专业人员，同步开展评估报告撰写工作。评估期间，还先后召开 20 多场专家会议，深入听取齐让、方新、刘德培、吕薇等有关领导专家的意见和建议。

4. **形成报告（2019 年 8 月底至 9 月中旬）**

2019 年 8 月 29 日，首批 8 个科学技术部战略规划司委托项目和北京师范大学承担项目汇报交流会召开。8 月 31 日，全国学会、省级科协等承担创新战略研究院项目结题会召开。随后，中国科协创新战略研究院组织评估专家组专家，基于相关评估（研究）报告和其他材料，通过会议研讨、拓展研究等方式集思广益、凝聚共识，数度修改，形成评估报告初稿。9 月上旬，征求了齐让、方新、沈爱民等 24 位领导专家对报告初稿的书面意见，并根据专家意见和建议对报告进行了修改，形成评估报告待审稿。9 月 28 日，《规划纲要》实施情况评估终审专家会召开，由杜祥琬院士担任组长，马伟明、方新、齐让、刘德培、杜祥琬、李华、李洪、吴孔明、何华武、周守为、饶子和、袁亚湘等院士专家组成的终审评估专家组原则通过了《规划纲要》实施情况评估报告。9 月 30 日，以中国科协名义回函给科学技术部，提交《规划纲要》实施情况评估报告，这标志着《规划纲要》实施情况评估基本完成。

5. **深化研究（2019 年 10 月初至 2020 年 4 月底）**

按照科学技术部战略规划司要求，中国科协创新战略研究院项目组在前期工作的基础上，通过资料梳理、实地调研、专家访谈等方式，进一步拓展研究、补充分析，形成了《规划纲要》实施相关科技成果汇编和《规划纲要》实施情况问题分析报告。

（三）阶段成果

本次评估按照科学技术部委托函和相关项目合同书要求，按时完成了各项任务，并于 2020 年 9 月 30 日将《规划纲要》实施情况评估报告提交科学技术部。本次评估客观分析了《规划纲要》实施的成效、影响、经验、问题和挑战，为编制 2021—2035 年国家中长期科学和技术发展规划纲要提供了有力支撑，为进一步推进国家创新驱动发展战略实施和全面深化科技体制改革提供了决策参考。

1. 形成了《规划纲要》评估报告和丰富的专项评估（研究）材料

评估过程中，国家发展和改革委员会、财政部等23个相关部委和31个省级科技管理部门提交了《规划纲要》自总结评估报告。中国宏观经济研究院、清华大学等9家科研机构、高等院校受托开展了重点议题专项评估（研究），中国能源研究会、中国科协生命科学学会联合体等8家全国学会（学会联合体）开展了科技领域专项评估，北京市科协等6家省级科协开展了重点区域评估。此外，本次评估还开展了国际咨询和大数据分析工作。依托中国科协516个全国科技工作者状况调查站点开展了科技工作者问卷调查，完成基于20255份有效问卷的调查分析报告。综合统计，各项目组实地调研70多次，召开研讨会150多场，广泛听取各界的意见和建议。参加评估方案制定、评估工作实施和评估结论凝练的国内外专家800多人（包括院士近80人），形成了300多万字的报告和材料，为形成评估结论提供了有力支撑。

2. 全国学会（学会联合体）、省级科协评估工作取得了良好反响

《规划纲要》实施情况评估过程中注重发挥科协的组织优势，主要表现在3方面：一是组织全国学会开展科技领域评估；二是组织地方科协开展重点区域评估；三是依托科技工作者状况调查站点开展问卷调查。全国学会（学会联合体）、省级科协开展的评估工作已引起广泛关注，取得明显成效。杜祥琬、倪光南、李培根、詹启敏等院士亲自领导或参与评估工作。北京市委、江苏省委有关领导对评估工作提出明确要求。广东省科协、江苏省科协相关成果分别获得广东省、江苏省有关领导同志批示。

3. 其他

《规划纲要》实施情况评估是发挥中国科协组织优势，动员全国学会、地方科协和广大科技工作者参与国家科学和技术发展规划纲要评估的一次有益探索，是中国科协以第三方科技创新评估引领高端科技智库建设，更好为党和政府科学决策服务的一次积极实践。通过承担《规划纲要》实施情况评估的组织实施工作，中国科协相关机构探索了第三方评估工作组织模式，积累了实施经验，提高了管理水平，为后续开展相关工作奠定了良好基础。此外，《规划纲要》实施情况评估工作相关新闻信息在中国科协、科学技术部官方网站发布，提高中国科协新闻宣传工作的影响力。

二、评估方案

（一）评估定位和内容

本次评估从第三方视角，对《规划纲要》的实施情况进行总体性、战略性评估，坚持历史眼光、国际视野，客观独立、科学规范地开展评估工作，实事求是地形成评估结论。

根据科学技术部委托要求，此次《规划纲要》实施情况评估主要内容包括《规划纲要》实施的战略影响和作用，《规划纲要》目标指标进展及预期实现程度，《规划纲要》实施对我国科技创新能力提升、创新体系建设、支撑引领高质量发展所发挥的作用，《规划纲要》组织实施机制，国内外形势变化带来的需求和挑战，对编制新的中长期科学和技术发展规划纲要的启示和建议等。

（二）评估模式和组织

本次评估采用"战略评估"和"证据准备"双向交互的评估模式（图4-1）。"战略评估"是指中国科协邀请21位高层次战略专家成立终审评估专家组，审定评估报告，确认评估结论。"证据准备"是指中国科协创新战略研究院作为执行机构，在中国科协调研宣传部、科学技术部战略规划司等部门支持下，组织开展系列专项评估（研究）工作，准备证据材料，撰写评估报告。

中国科协调研宣传部、中国科协创新战略研究院负责组织实施评估工作，为保障评估工作顺利开展，成立了终审评估专家组、评估专家组和评估工作组（图4-2）。

终审评估专家组由中国科协邀请相关领域21位高层次战略专家组成，主要职责是听取评估工作汇报，对评估工作进行指导和质量控制，审定评估报告，确认评估结论。

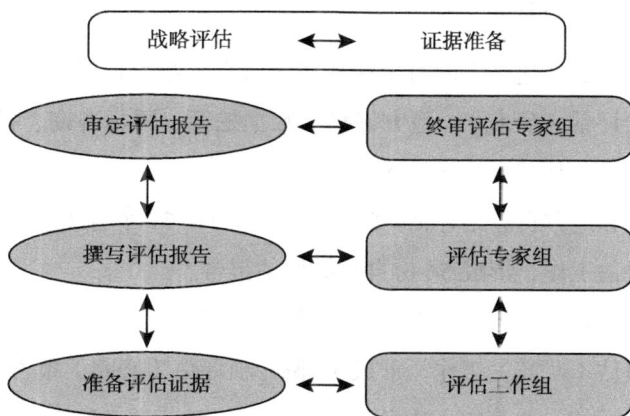

图 4-1 评估模式

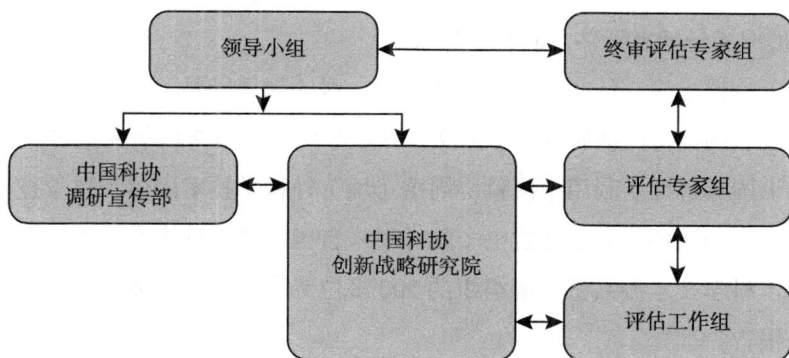

图 4-2 评估组织架构

评估专家组由专项评估（研究）项目组推荐专家和相关领域的国内知名专家、管理人员组成，主要职责是研究制定专项评估（研究）实施方案，领导推进专项评估（研究）工作，牵头撰写专项评估（研究）报告，形成评估初步结论。

评估工作组由中国科协创新战略研究院和各专题评估（研究）项目承担单位的相关人员组成，主要职责是研究制定评估工作方案，组织开展评估工作，对评估工作进行过程管理和技术支持，为终审评估专家组和评估专家组提供综合支撑。

（三）主要工作和方法

自 2018 年 12 月起，中国科协创新战略研究院组织开展了部门和地方自总结评估、专项评估（研究）、地方评估、数据挖掘、国际咨询、科技工作者调查 6 项工作，在此基础上完成总体评估。

（1）部门和地方自总结评估。23 个相关部门和 31 个省（自治区、直辖市）开展自总结评估工作，形成 54 份自总结评估报告。

（2）专项评估（研究）。17 家全国学会（学会联合体）和国内知名研究机构承担专项评估（研究）工作，形成 17 份专项评估（研究）报告。

（3）地方评估。北京市、山西省、辽宁省、江苏省、广东省、重庆市 6 家省级科协分别对京津冀地区、中部地区、东北地区、长江三角洲地区、粤港澳大湾区、成渝经济区实施《规划纲要》的典型经验和关键问题进行评估（研究），形成 6 份地方评估（研究）报告。

（4）数据挖掘。从文献和舆情两方面，对《规划纲要》开展主题文献回顾分析及互联网舆情反馈研究，形成文献回顾和舆情分析 2 份研究报告。

（5）国际咨询。利用中国科协同国（境）外科学技术团体和科学技术工作者联系密切的独特优势，通过电子邮件对来自国际科学理事会、美国科学促进会、日本科学技术振兴机构等组织的 200 多位专家开展问卷调查，形成 1 份国际咨询报告。

（6）科技工作者调查。依托中国科协全国 516 个全国科技工作者状况调查站点，面向 31 个省（自治区、直辖市）和新疆生产建设兵团的 2 万余名科技工作者开展问卷调查，形成 1 份科技工作者调查报告。

（7）总体评估。在上述评估和其他相关工作基础上，由终审评估专家组通过审议评估报告，综合研判，凝聚共识，得出结论。

本次评估坚持以证据为基础，将信息资料、调查统计数据和专家经验三者有机结合，采用政策文本分析、文献计量、问卷调查、案例研究、数据挖掘、访谈调研、专家研讨等多种研究方法，确保评估证据和结论全面系统、科学可信。

三、评估发现（部分）

《规划纲要》是推动我国科技发展的纲领性文件，具有重要的历史地位和深远的战略影响。《规划纲要》确定的"自主创新，重点跨越，支撑发展，引领未来"的指导方针，发挥了凝聚共识、举旗定向的作用，充分体现了我国政府的远见卓识与专家智慧，凝聚了全社会关于自主创新的普遍共识，符合我国科技工作实际和科技发展规律，为新时代国家创新驱动发展战略的提出奠定了政策和实践基础。

《规划纲要》提出的战略任务得到了很好的贯彻落实，总体实现了预期的发展目标。2006年以来，按照《规划纲要》指导方针，全国各级科技规划体系、各级科技计划（基金）、配套政策的实施细则共同构建了《规划纲要》实施保障机制。我国自主创新能力显著增强，科学论文和发明专利数量大幅增加，位居世界前列，基础科学和前沿技术取得重大突破，重大专项涌现出一批标志性成果，多项成果填补国家空白，科技投入持续稳定增长，科技人才队伍显著壮大，建设了一批重大科技基础设施。综合世界创新型国家科技实力和《规划纲要》指标实现情况来看，我国进入创新型国家行列的目标基本实现。

《规划纲要》对我国经济社会发展发挥了重要支撑引领作用，为2020年全面建成小康社会提供了重要保障。一是重大专项取得一批有力维护保障国家安全的核心关键技术和重大装备产品，加速形成了一批支撑跨越发展、提升国际竞争力的创新成果。二是以企业为技术创新主体的产学研合作更加紧密，科技体制改革持续深化，全社会创新文化环境更具活力，中国特色国家创新体系不断完善。三是有效推动我国能源供需矛盾和环境问题的解决，促进了制造业和信息产业的转型升级，推动了农业现代化发展，提升了医疗科技水平，提高了公共安全和突发事件的保障能力，为我国重点领域高质量发展提供了重要支撑。

坚持科学民主开放编制规划，为《规划纲要》成功实施奠定了基础；构建分阶段层层衔接的规划实施体系并适时进行动态调整，为国家中长期科学和技术规划的实施探索了可行路径；坚持有为政府与有效市场相结合，调动市场主体创新的积极性，为《规划纲要》成功实施提供了动力保障；坚持发挥中国特色社会主义集中力量办大事的体制优势，为《规划纲要》重大专项取得重点突破提供了制度保障；坚持全球视野下自主创新与开放创新相结合，为《规划纲要》成功实施赢得了良好的国际环境。

但是，一些体制机制障碍问题亟须解决。一是《规划纲要》实施的责任机制不够明确，创新政策协调不足，科技创新资源区域配置不平衡，国家创新体系有待继续优化。二是研发经费投入结构不合理，基础研究投入偏低，部分重大专项设定不够聚焦，部分项目实施效果不好，原创性和引领性研究较少，"卡脖子"的关键核心技术仍然短缺。三是科研人员激励机制有待继续完善，全社会崇尚科学、鼓励创新的社会氛围需要进一步培育。这些问题的解决需要加强战略研判、顶层设计和深化改革。

与《规划纲要》制定时相比，国内外环境发生了重大变化。一是我国经济正处于"三期叠加"的特定阶段，经济发展步入新常态，高质量发展需要更加强有力的科技创新支撑。二是世界多极化不断发展，大国关系深入调整，特别是中美之间的大国博弈趋于长期化、多层次化，我国产业仍然存在诸多"卡脖子"的技术短板，关键技术环节抗冲击能力不足。科技创新在国家战略全局中的地位和作用非常重要，这既是挑战、更是机遇。我们必须深入实施创新驱动发展战略，增强忧患意识，防范风险挑战，及时把握机遇，不断提高我国科技的国际竞争力。

四、评估特色和工作思考

（一）评估特色

总体而言，本次评估最大的特色是中国科协接受科学技术部委托以第三方的身份组织开展评估。在此之前，国家重大科技规划、战略、政策等的评估，绝大部分由科学技术部直属事业单位承担，科技行政系统之外的单位接受正式委托开展评估的情况较为少见。

具体而言，中国科协在开展《规划纲要》评估过程中，充分发挥了自身组织优势，吸纳了广大科技工作者、全国学会、地方科协的意见和建议，运用了大数据舆情分析等新型信息技术手段。

1. 依托全国516个科技工作者状况调查站点开展问卷调查

依托全国516个科技工作者状况调查站点对科技工作者开展问卷调查，覆盖了全国除香港、澳门、台湾以外的31个省（自治区、直辖市）和新疆生产建设兵团，有效涵盖科研院所、高等院校、企业、医疗卫生机构和县域基层单位的科技工作者群体，2019年4—8月共收回有效问卷20255份。调查时采取随机抽样方法选取样本，严格遵循社会调查规范，保证了调查的科学性、客观性和准确性。调查组根据第六次全国人口普查数据中各地就业人员数量和受教育程度构成情况，对各省（自治区、直辖市）调查样本进行了权重调整。

调查样本分布基本合理，能较好地代表全国科技工作者的整体状况。从性别看，男女比例基本持平，男性占52.5%，女性占47.5%；从年龄看，平均年龄为36.2岁，30岁以下占22.6%，30～39岁占46.7%，40～49岁占21.9%，50岁及以上占8.8%；从政治面貌看，中国共产党党员占54.7%，民主党派占2.8%；从学历看，博士占16.2%，硕士占28.5%，本科占44.6%，大专及以下占10.7%；从地域分布看，东部地区占51.9%，中部地区占24.9%，西部地区占23.2%；从所在单位类型看，科研院所占19.6%，高等院校占22.4%，大型企业占17.4%，中小企业占12.8%，医疗卫生机构占14.0%，技术推广服务组织占5.1%，中学和技工学校占8.7%；从职业划分看，科学研究人员占7.9%，大学教师占17.7%，工程技术人员占26.6%，卫生技术人员占13.3%，技术推广和科普人员占8.9%，中学教师占8.5%，科技管理人员占10.9%，科教辅助人员占6.1%；从职称级别看，正高级职称占5.9%，副高级职称占20.1%，中级职称占35.3%，初级职称占18.3%，无职称占20.3%；从行政职务看，高层管理人员（单位领导）占1.9%，中层管理人员（部门领导）占12.9%，一般管理人员占24.2%，无行政职务人员占61.0%。

2. 组织全国学会开展科技领域专项评估

组织委托中国能源研究会、中国生态学学会、中国农学会、中国科协智能制造学会联合体、中国公路学会、中国科协信息科技学会联合体、中国科协生命科学学会联合体、中国城市规划学会等8家全国学会（学会联合体），分别就《规划纲要》在能源、环境、农业、制造业、交通运输业、信息产业及现代服务业、人口与健康、城镇化与城市发展等领域的实施情况开展了专业评估。有关学会在评估过程中，注重发挥科技社团独特优势，利用联系专家便利的优势，克服了《规划纲要》实施相关专项总结材料和统计数据缺乏等困难障碍，高质量地完成了评估任务。

以中国农学会开展工作为例，该学会承担了农业领域《规划纲要》实施情况的第三方评估工作，评估工作于2019年5月正式启动，2019年9月完成。评估过程中，中国农学会始终坚持以事实和客观信息为依据，坚持专业性、科学性和开放性的评估理念，综合运用现代公共政策评估流程、方法和技术，发挥学会人才荟萃、智力密集、组织体系完备等优势，将定量评估与定性评估相结合，将过程评估、结构评估与绩效评估相结合，将工具性评估与价值性判断相结合，努力实现评估客观、公正、准确的目标。具体采用了如下方法。

一是总结评估与专题评估结合。一方面，农业农村部对《规划纲要》实施情况进行了工作总结评估，科技教育司向部内乡村产业发展司、农产品质量安全监管司、种植业管理司、畜牧兽医局、渔业渔政管理局、种业管理司、农业机械化管理司、农田建设管理司等有关司局及中国农业科学院、中国水产科学研究院、中国热带农业科学院发函，搜集汇总相关部门、单位贯彻落实《规划纲要》的总结材料，梳理总结形成了农业农村部《贯彻〈规划纲要〉实施情况的总结评估报告》。另一方面，中国农学会从全国农业科研杰出人才、农业高等院校、省级农业科学院组织了9个领域的50名专家开展调查研究，起草了相关领域的评估报告。

二是实地访谈。评估项目组赴湖北省、四川省、吉林省等地进行了调研访谈，邀请农业科研人员、推广人员、管理人员及有关企业代表进行座谈，了解各类人员对《规划纲要》实施的具体反映。

三是会议评估。评估项目组先后组织召开了2次专家座谈会，围绕种质资源发掘、保存和创新与新品种定向培育，畜禽水产健康养殖与疫病防控，农产品精深加工与现代储运，农林生物质综合开发利用，农林生态安全与现代林业，环保型肥料、农药创新和生态农业，多功能农业装备与设施，农业精准作业与信息化，现代奶业等9个农业科技优先领域的发展问题及下一轮规划制定，充分征询各方面专家意见，并对专家意见进行了认真研究、积极吸纳。

四是问卷调查。面向中国农业科学院、中国水产科学研究院、中国热带农业科学院、中国农业大学、南京农业大学、华中农业大学、华南农业大学、西北农林科技大学及有些省级农业科学院和有关企业开展了问卷调查，共收回有效问卷2032份。调查对象具有一定的代表性。

3. 组织地方科协开展重点区域专项评估

组织委托北京市、山西省、辽宁省、江苏省、广东省、重庆市6省（直辖市）科协，分别就京津冀地区、中部地区、东北地区、长江三角洲地区、粤港澳大湾区、成渝经济区等重点区域实施《规划纲要》的典型经验和关键问题开展了研究评估。有关省级科协在评估过程中，注重争取地方领导和相关部门支持，大力开展实地调研，积极问询基层科技工作者的意见和建议，高质量地完成了既定任务。

例如，北京市科学技术协会按照中国科协的评估工作要求，部署北京市实施《规划纲要》情况的评估工作——由北京市政府有关领导直接领导，北京市科学技术协会牵头，北京市相关委办局协调配合，资深专家参与，北京科学学研究中心作为执行机构，共同开展。

《规划纲要》跨越3个"五年计划"，其贯彻落实对北京市创新驱动发展及京津冀协同发展战略决策、任务部署、重点工作及政策配套等产生了深远影响。自2006年《规划纲要》颁布以来，北京市充分利用自身优势，践行《规划纲要》提出的"自主创新，重点跨越，支撑发展，引领未来"的指导方针，特别是自2016年开始重点聚焦全国科技创新中心建设，每年编制科技创新中心建设重点任务工作方案和任务/项目清单，将科技创新中心建设任务细化、量化、具体化和项目化。

评估程序和方法如下：第一，根据评估任务要求，制定了评估工作方案，包括评估目的、评估内容、组织实施和进度安排等；第二，成立北京市和京津冀地区评估工作领导协调小组、评估专家小组、评估工作执行小组，并明确了各自的职责；第三，请北京市相关委办局提供《规划纲要》实施以来的进展情况素材，并抽取重点单位开展实地调研，对获取的第一手评估资料进行深入分析；第四，在上述工作的基础上，评估工作执行小组撰写评估报告，形成初步评估结论，请评估专家小组对评估报告及评估结论进行研讨咨询；第五，评估工作执行小组根据专家意见和建议，形成评估结论，撰写正式报告。

4. 利用科协开展民间国际科技交流的优势开展国际咨询

利用科协开展民间国际科技交流的优势，征求国外对口科技组织、有关国际专家对科学和技术发展规划纲要的编制工作、中国科技体制改革和创新体系建设、2035年科技经济社会融合新趋势等问题的意见和建议。此外，还通过文献分析主要国家，如美国、英国、俄罗斯、韩国等国的科技外交政策及其对中国的科技外交政策。

根据研究定位，主要通过调查问卷、专家访谈完成国际专家咨询评估，同时结合理论分析，形成观点与判断。国际咨询评估专家主要是4类战略与科技领域的知名专家、学者，一是美国、欧盟、日本等发达国家的知名专家、学者，二是新兴经济体的知名专家、学者，三是华裔知名专家、学者，四是港澳台知名专家、学者。具体而言，研究内容根据调查问卷细分为5项：一是《规划纲要》的历史地位和战略影响，主要咨询问题包括《规划纲要》对中国科技基础研究与创新的影响、《规划纲要》对中国的经济社会等综合国力及国际竞争力的影响等；二是中国的科技体制，主要咨询问题包括政府对科技竞争前的科研资助是否合理（符合国际惯例）、中国的知识产权保护状况是否令各界人士满意、中国科研人才实力是否接近或达到发达国家水平等；三是中国科技的实力，主要咨询问题包括中国在哪些科技领域处于世界一流水平、中国哪些前沿技术处于世界一流水平等；四是2035年科技经济社会交叉融合，主要咨询问题包括前沿科技对道德伦理有哪些重大影响、前沿科技对公共安全有哪些重大影响等；五是中国国际合作的障碍、潜力和远景，主要咨询问题包括中国国际合作的障碍、中国国际合作的潜力等。

5. 探索开展大数据舆情分析

为充分了解《规划纲要》实施各阶段各领域的重要舆论反响，探索利用有关单位开发的大数据系统，采用关键词抓取方式，从微博、微信、网页、客户端、主要报刊等5类境内平台抓取有效数据，从Twitter、Facebook及境外新闻网页等3类境外平台抓取有效数据，并在此基础上，结合专家、学者、媒体对科技发展的相关论点，对《规划纲要》的传播效果及舆情进行研究评估。

将《规划纲要》的重点内容划分为15个重要领域，以各领域重点词汇为关键词抓取境内外数据。境内共抓取数据76.4万条，时间跨度为2006—2019年。报刊端抓取的与《规划纲要》相关的数据总计79739条，其中《人民日报》16842条，《光明日报》26728条，《中国科学报》18626条，《科技日报》17543条。客户端抓取的相关数据总计66924条，来自新华社、央视新闻、搜狐新闻、新浪新闻、澎湃新闻等342个资讯客户端。网页端抓取的数据总计172612条，来自环球网、新浪网、河北法制网等媒体、政府和行业网站等15656个网站。微信端和微博端抓取的相关数据分别为270496条、174647条。境外共抓取数据91747条，时间跨度为2016—2019年，其中新闻信息74341条，Facebook数据2822条，Twitter数据清洗筛选后的有效数据14584条。

（二）工作思考

1. 应当重视《规划纲要》实施情况评估工作成果的梳理分析

有关专家数次强调要充分消化吸收各项目组的工作成果。《规划纲要》实施情况评估形成了300多万字的评估（研究）材料，对这些材料进行梳理分析，研究提炼，具有一定价值和意义。条件成熟时，可考虑将部分成果公开出版。

2. 应当重视《规划纲要》实施相关重大问题的拓展研究

《规划纲要》实施情况评估报告形成过程中发现一些重大问题仍未较好解决，如我国是否已进入创新型国家行列、关键核心技术攻关、基础研究投入占研发投入比重、科技体制深化改革、科技人才队伍建设等相关问题。对这些重大问题持续进行全面深入研究，具有重要的理论意义和实践价值。此外，对第三方科技创新评估理论和方法的研究应当持续跟进，不断深入。

3. 应当重视建立健全规范化的工作机制

《规划纲要》实施情况评估过程中，在中国科协和科学技术部之间，中国科协调研宣传部和中国科协创新战略研究院之间，中国科协创新战略研究院和科学技术部战略规划司之间等，初步建立了相关工作机制，为评估工作顺利开展提供了良好保障。但是，在明确职责分工、健全规章制度、改进工作流程、有效激励奖励等方面，仍有需进一步优化完善的地方。

4. 应当重视评估专业人才队伍建设

《规划纲要》实施情况评估工作对评估人员的专业水平和综合能力等均有一定要求。缺乏足够数量具有较高职业水准的专职工作人员是影响评估工作的一个因素。培养精通报告语言、学术语言、公文语言和新闻语言的专业人才需要一定的过程，有关部门应当充分重视和切实加强评估专业人才队伍建设。

第五章

国家"双创"示范基地建设与进展情况评估

建设"大众创业、万众创新"示范基地（本章简称示范基地）是党中央、国务院做出的重大决策部署，是深入实施创新驱动发展战略的重要举措，是推动创新创业创造走深走实的重要载体。示范基地的设立是为了在更大范围、更高层次、更深程度上推进大众创业、万众创新，加快发展新经济、培育发展新动能、打造发展新引擎。通过建设一批示范基地、扶持一批"双创"支撑平台、突破一批阻碍创新创业的政策障碍，形成一批可复制可推广的"双创"模式和典型经验。作为"双创"工作的重要抓手、推进改革创新的先头部队，示范基地建设需要持续抓紧。中国科协基于前期"双创"政策评估的经验，继续以第三方的视角参与示范基地评估工作，利用地方科协、全国学会等优势资源，助力创新创业创造工作的开展，在持续的评估和交流协作中逐渐形成了中国科协的品牌影响力。

一、评估概况

自 2016 年以来，国务院分两批布局建设了 120 家示范基地。示范基地不断探索实践，深入推进改革创新，集聚创新创业资源，促进创业带动就业，培育发展新动能，释放市场主体活力，形成了可复制可推广的经验，取得了积极成效。中国科协于 2016 年、2018 年两次受委托组织对示范基地开展评估，

2019 年根据文件分工要求，会同国家发展和改革委员会开展第三次示范基地评估，并参与有关文件起草和国务院专题督查，在创新创业评估中积累了一定的经验，不断跟踪国家创新高地态势，通过"把脉、联结、赋能、传播"服务示范基地建设发展，为决策层提供创新创业有关态势分析和问题建议。

1. 2016 年"双创"示范基地评估

在国家批复建立首批示范基地后，国家发展和改革委员会于 2016 年 12 月 6 日委托中国科协创新战略研究院开展"双创"示范基地评估。在中国科协党组的大力支持下，以中国科协创新战略研究院为核心，集成科协系统组织体系优势，发挥地方科协、全国学会及学会联合体、区域智库基地力量，采取异地评估的组织方式，对北部、东部、南部、中部、西部五大片区 28 家示范基地同时开展调研评估工作。评估期间共派出专家团队 33 个，评估专家 200 人次，召开座谈会 54 场，实地走访调研创新创业企业（机构）74 家。评估工作得到各省（自治区、直辖市）有关部门、各示范基地及相关创新创业企业（机构）的大力支持和积极配合。在一个月时间内通过密集调研和集中研讨，圆满完成各项评估任务，形成评估总报告和 28 家示范基地分报告提交国家发展和改革委员会。评估结果为表彰首批示范基地和设立第二批示范基地提供了参考。

2. 2018 年"双创"示范基地评估

2018 年，受国家发展和改革委员会委托，中国科协组织开展对 120 家"双创"示范基地的建设情况的第三方评估。本次评估坚持以习近平新时代中国特色社会主义思想和党的十九大精神为指示，紧扣《国务院办公厅关于建设大众创业万众创新示范基地的实施意见》提出的建设目标、重点开展任务，结合各示范基地建设方案对示范基地进行客观公正的评价。为开展好本次评估工作，评估组先期已在清华大学、中国科学院计算技术研究所、国家电网公司和湖南省湘江新区（分别代表区域示范基地、企业示范基地、高校示范基地、科研院所示范基地）召开意见征询会，修订完善评估方案和数据采集表。评估期间，各示范基地自评后，由中国科协牵头，中国科协创新战略研究院根据示范基地特色选择专家函评，充分发挥了各省级发展和改革委员会及国务院国有资产监督管理委员会、教育部、工业和信息化部、中国科学院等部门的力量，动员各相关单位配合收集相关数据，挖掘典型案例，提交评估意见。评估组共实地调研评估示范基地 35 家，动员全国学会和学会联合体 17 家、第三方评估机构 7 家，参与各类示范基地评审的专家 280 多人次。评估期间，本着加强示范基地间交流学习的目的，去专家示范基地调研评估时还邀请行业特色相近的示范基地随评估组一同进行参观学习，增进了示范基地间的交流互动，为评估工作提供重要支撑。实地调研后，结合国家战略和区域发展布局进行综合评价，遴选出 45 家具有典型特色的第二批示范基地，上报国家发展和改革委员会。

3. 2019 年"双创"示范基地评估

根据《国务院关于推动创新创业高质量发展打造"双创"升级版的意见》提出的"开展'双创'示范基地年度评估，根据评估结果进行动态调整"的任务分工要求，2019 年 5 月至 8 月，国家发展和改革委员会和中国科协组织开展 2019 年示范基地建设情况的考察评估。2019 年的评估是按照文件要求，首次由中国科协会同国家发展和改革委员会联合开展的。这次评估全面考察 120 家示范基地批复以来的建设工作和创新创业发展情况，对照示范基地的建设目标和具体任务，参考"全国'双创'示范基地监测指标体系"数据，结合示范基地材料，深入实地调查了解，开展分类评估。注重发挥科技群团优势，组织全国学会（学会联合体）12 家、地方科协 7 家、代表性示范基地 8 家，以及国内专家共 687 人次，赴 101 家示范基地进行了实地调研。基于《国务院办公厅关于建设大众创业万众创新示范基地的实施意见》，针对区域、高校、科研院所和企业示范基地分类设计指标并计算得分。对排名靠前、进步明显的示范基地总结提炼经验，对相对靠后的示范基地进行了问题会诊，提出意见和建议，助推示范基地高质量发展。

综上所述，2016—2020 年，中国科协在"双创"评估方面不断延伸拓展，从政策评估到示范基地评估，再到参与国务院督查和政策制定，为党和政府开展创新创业创造工作做好决策服务。2020 年，为贯彻落实习近平总书记关于创新驱动高质量发展的一系列重要指示精神，有力支撑大众创业、万众创新向更大范围、更高层次和更深程度演进，中国科协推出"科创中国"品牌，旨在团结引领广大科技工作者主动面向经济主战场，瞄准重点区域产业需求，通过布局"科创中国"试点城市（园区），构建"科创中国"技术服务与交易平台，探索科技与经济融合发展的新型组织模式。

图 5-1 所示为 2016—2020 年中国科协"双创"示范基地评估工作时间轴。

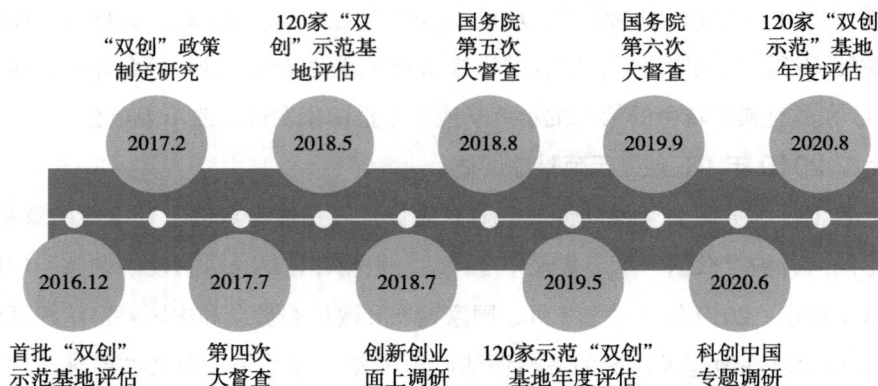

图 5-1　2016—2020 年中国科协"双创"示范基地评估工作时间轴

二、评估方案

根据《国务院关于推动创新创业高质量发展打造"双创"升级版的意见》提出的"开展'双创'示范基地年度评估，根据评估结果进行动态调整"的任务分工要求，2019 年中国科协组织开展 120 家示范基地建设情况的评估。为做好本次评估，中国科协根据《国务院办公厅关于建设大众创业万众创新示范基地的实施意见》和《国务院办公厅关于建设第二批大众创业万众创新示范基地的实施意见》，制定如下评估方案。

（一）评估目的和总体思路

1. 评估目的

根据示范基地建设方案，总结回顾示范基地建设进展和成效，评估建设进度和完成情况；进一步完善相关数据、案例资料的采集及典型经验的总结；进一步聚焦重点领域，深入了解深层次问题、相关诉求和建议；明确未来示范基地的运行规划和任务。通过本次评估进一步建立并巩固示范基地评估的常态化机制，推动国家层面示范基地相关政策有效落地，为有关职能部门提供决策参考。

2. 评估总体思路

（1）坚持政策引导，评估对标对表。以"双创"相关重点政策为引导，制定评估标准和评估指标体系，对标对表各示范基地制定的建设方案，开展系统性评估。

（2）遴选典型单位，促进交流合作。考虑国家战略、地区差异、产业差异和类型差异，遴选典型示范基地开展调研和评估。评估过程中组织同类型相关示范基地同步调研对接，以评估为载体平台，加强示范基地之间的交流合作。

（3）做好系统评估，创新评估方式。各项工作多头异步开展，提高效率，部分有条件的示范基地可开展评估或互评，注重可推广模式或经验的梳理及未来示范基地运行规划和任务的评价，使评估工作更有系统性和延续性。

（4）注重实践推广，发挥带动作用。注重总结示范基地建设实践和经验推广中的问题和措施，着力疏解创新创业的痛点堵点，加大精准施策力度，增强创新创业活力，深化改革创新，在示范基地推行先行先试。

（二）评估内容

本次评估内容主要包括：针对各类示范基地自批准以来的进展和成效评估，经验和亮点梳理，代表性问题和建议，示范基地未来发展规划。评估流程：各示范基地自评估→专家函评、研讨→专家遴选典型的示范基地→实地调研评估→评估总结、报告和专报撰写与提交。

1. 进展和成效评估

根据《国务院办公厅关于建设大众创业万众创新示范基地的实施意见》提出的"力争通过三年时间，围绕打造双创新引擎，统筹产业链、创新链、资金链和政策链，推动双创组织模式和服务模式创新，加强双创文化建设，到2018年年底前建设一批高水平的双创示范基地"的要求，首批28家示范基地均应建设完成。按照 3 年建设期推算，2019 年年底第二批示范基地也应基本完成建设工作，因此此次评估全面考察 120 家示范基地批复以来建设工作和创新创业发展情况，对照示范基地建设方案中的建设目标和具体任务，部分参考"全国'双创'示范基地监测指标体系"数据，结合示范基地提交的材料，分区域、高校和科研院所、企业示范基地开展分类评估。评估中首先对照各示范基地建设方案检查完成进度，在此基础上围绕《国务院办公厅关于建设大众创业万众创新示范基地的实施意见》提出的各类示范基地建设目标和建设重点开展评估，评估总结示范基地在推进"双创"工作方面的成效。

2. 典型经验及其复制推广情况评估

围绕各类示范基地形成的典型经验及其可复制可推广的举措开展评估，具体到各类基地则各有侧重。

（1）区域示范基地评估。评估区域示范基地在提振"双创"能级、激发"双创"活力和构建"双创"生态等方面的典型经验及其复制推广情况。

（2）高校和科研院所示范基地评估。评估高校和科研院所示范基地在聚焦技术供给能力、推进"双创"的人才培育、提高"双创"参与度等方面的典型经验及其复制推广情况。

（3）企业示范基地评估。评估企业示范基地在建设平台和服务体系、发挥"双创"带动效应、推进"双创"合作等方面的典型经验及其复制推广情况。

3. 特色亮点评估

从强化示范基地对实体经济的促进作用，提升示范基地对带动就业的促进作用，促进示范基地对营商环境的优化作用，扩大示范基地向更大范围的辐射带动，推进示范基地平台建设更系统高效等方面提炼特色亮点，使示范基地成为全国具有影响力的创新发展新高地，成为稳定增长、促进改革、扩大就业和增强动能的有生力量。

4. 代表性问题、建议

结合中国科协几年来在示范基地评估和督查方面的工作情况，全面总结示范基地建设存在的痛点难点、解决方案和有关建议，为未来示范基地运行发展和各省级示范基地的建设和运行提供有益的参考。

5. 未来发展规划

评估未来 3 年示范基地运行发展规划、目标和重点任务，总结不同类型示范基地未来发展路径，形成有助于指导示范基地发展的规划建议。

（三）评估组织分工

本次评估将充分发挥中国科协系统和国家发展和改革委员会、教育部、工业和信息化部、国务院国有资产监督管理委员会、中国科学院等部门单位的力量，发动全国学会和学会联合体、区域智库机构、地方科协及部分示范基地进行评估。组织创新创业领域专家开展示范基地建设与"双创"工作总结，形成高质量的评估报告。

1. 中国科协

本次评估由中国科协会同国家发展和改革委员会，调动科协系统内有关单位全面统筹组织 120 家示范基地中 62 家区域基地、30 家高校和科研院所基地、28 家企业示范基地的评估工作。

2. 中国科协创新战略研究院

中国科协创新战略研究院作为本次评估的执行单位，主要负责评估工作的具体实施，包括制定评估实施方案，牵头组织示范基地根据评估方案中的具体要求进行自评，汇总评估资料，实地评估并指导各评估组工作。组织专家评估遴选示范基地的典型经验做法，实地调研典型示范基地，会同相关领域专家总结评估结论，牵头起草评估总报告和专题报告。

3. 全国学会及学会联合体

部分全国学会及学会联合体根据自身的专业特征优势，组织本领域专家学者和相关机构，在中国科协创新战略研究院具体安排和指导下，负责部分涉及学会专业领域示范基地的评估工作。

4. 省级科协

部分省级科协牵头成立评估工作组，组织有关专家在中国科协创新战略研究院指导下承担部分示范基地评估工作，配合其他评估组完成本地示范基地的评估工作。

5. 专业机构

拟请中国宏观经济研究院、中国科学技术发展战略研究院、中国科学院科技战略咨询研究院、国家信息中心、清华大学、北京大学等专业研究机构专家参与部分示范基地评估工作，并在评估方案的制定、大数据挖掘、统计分析、实地评估、报告的撰写、决策咨询等方面提供支撑。

6. 各相关部门

拟请国家和发展改革委员会、教育部、工业和信息化部、国务院国有资产管理委员会、中国科学院等部门单位及部分示范基地参与此次评估工作，配合协调示范基地工作，收集相关数据，挖掘典型案例，参与实地调研评估，为评估工作提供重要支撑。

7. 典型示范基地

拟组织部分典型示范基地承担部分评估任务，根据行业背景和学科特色参与示范基地评估和互评，参与撰写评估报告，梳理典型案例等。

（四）评估方式

本次评估将自评、专家函评、实地调研评估有机结合，并在专家函评和实地调研评估中安排部分示范基地参与评估和互评，借此促进示范基地之间的交流合作。

1. 自评估

各示范基地结合所属示范基地类型的评估侧重点，根据自评估报告所附的评估表（表5-1～表5-4）撰写自评估报告并提交评估组。

2. 专家函评、研讨

根据计划安排，评估组在示范基地自评估的基础上组织评估专家组开展函评和实地调研评估。中国科协创新战略研究院充分听取专家的意见和建议，完成总评估报告，保证评估结果的公正性、客观性。

3. 实地调研评估

根据各示范基地的自评估报告、相关专家和有关部委的意见，对部分示范基地进行实地评估。评估过程中，评估牵头单位负责组织同类型相关示范基地参与调研,加强示范基地之间的交流与成果对接。

4. 交叉互评

遴选行业背景和学科特色相近的部分示范基地开展交叉互评。在中国科协创新战略研究院指导下,由示范基地组织专家,完成被评对象的函评和实地评估工作。

表 5-1 区域示范基地评估表

一级指标	二级指标	部分对应内容
政府职能	行政审批与商事登记	进一步转变政府职能,简政放权、放管结合、优化服务,在完善市场环境、深化审批制度改革和商事制度改革等方面采取切实有效措施,降低创业创新成本
	信息整合与政策发布	加强创业创新信息资源整合,面向创业者和小微企业需求,建立创业政策集中发布平台
	"双创"服务体系	完善专业化、网络化服务体系,增强创业创新信息透明度
政策落实	财税支持	结合区域发展特点,面向经济社会发展需求,加大财税支持力度,落实鼓励创业投资发展的税收优惠政策
	人才引进和流动	促进人才流动、加强协同创新和开放共享等方面,探索突破一批制约创业创新的制度瓶颈
	促进协同创新	加强政府部门的协调联动,加强协同创新和开放共享等方面,探索突破一批制约创业创新的制度瓶颈
	推动科技成果转移转化	强化知识产权保护,在科技成果转化、促进人才流动、加强协同创新和开放共享方面,探索突破一批制约创业创新的制度瓶颈
"双创"生态	投融资渠道	营造创业投资、天使投资发展的良好环境;规范设立和发展政府引导基金,支持创业投资、创新型中小企业发展;丰富"双创"投资和资本平台,进一步拓宽投融资渠道

续表

一级指标	二级指标	部分对应内容
双创生态	技术服务平台	加强创业培训、技术服务、信息和中介服务、知识产权交易、国际合作等支撑平台建设，深入实施"互联网+"行动，加快发展物联网、大数据、云计算等平台
	产业培育与转型升级	促进各类孵化器等创业培育孵化机构转型升级，打通政产学研用协同创新通道
文化建设	文化宣传	加大"双创"宣传力度，培育创业创新精神，强化创业创新素质教育，树立创业创新榜样
	包容审慎监管	努力营造鼓励创新、宽容失败的社会氛围

表 5-2　高校示范基地评估表

一级指标	二级指标	部分对应内容
人才培养	课程体系与教学内容	完善相关课程设置，实现创业创新教育和培训制度化、体系化
	创业实践开展情况和成果	实施大学生创业引领计划，落实大学生创业指导服务机构、人员、场地、经费等
	校内外师资与人才引进	建立健全科研人员双向流动机制；加大吸引海外高水平创业创新人才力度
成果转化	管理制度建设	全面落实改进科研项目资金管理，下放科技成果使用、处置和收益权等改革措施
	转化能力和效果	提高科研人员成果转化收益比例，加大股权激励力度，鼓励科研人员创业创新
	资源开放共享	开放各类创业创新资源和基础设施，构建开放式创业创新体系
服务支撑	创新创业优惠政策	建立健全弹性学制管理办法，允许学生保留学籍休学创业
	创业项目培育孵化	引导和推动创业投资、创业孵化与高校、科研院所等技术成果转移相结合

表 5-3　科研院所示范基地评估表

一级指标	二级指标	部分对应内容
人才培养	人才引进与流动	落实高校、科研院所等专业技术人员离岗创业政策，建立健全科研人员双向流动机制；加大吸引海外高水平创业创新人才力度
	提高科研人员获得感	下放科技成果使用、处置和收益权等改革措施，提高科研人员成果转化收益比例，加大股权激励力度，鼓励科研人员创业创新
成果转化	政策落实情况	全面落实改进科研项目资金管理，下放科技成果使用、处置和收益权等改革措施
	技术成果转移	引导和推动创业投资、创业孵化与高校、科研院所等技术成果转移相结合
	资源开放共享	开放各类创业创新资源和基础设施，构建开放式创业创新体系
服务支撑	创业投资与孵化	引导和推动创业投资、创业孵化与高校、科研院所等技术成果转移相结合
	研发平台建设	完善知识产权运营、技术交流、通用技术合作研发等平台

表 5-4　企业示范基地评估表

一级指标	二级指标	部分对应内容
企业"双创"管理体系	企业制度创新	结合国有企业改革，强化组织管理制度创新
	企业"双创"服务	鼓励企业按照有关规定，通过股权、期权、分红等激励方式，支持员工自主创业、企业内部再创业，增强企业创新发展能力
	容错纠错机制	健全激励机制和容错纠错机制，激发和保护企业家精神
"双创"平台建设	支撑平台建设	加快技术和服务等支撑平台建设
	服务内部创新能力	开放创业创新资源，为员工创业创新提供支持，建立面向员工创业和小微企业发展的创业创新投资平台
	对外联结能力	建立面向员工创业和小微企业发展的创业创新投资平台

续表

一级指标	二级指标	部分对应内容
投融资渠道	内外部资金整合	整合企业内外部资金资源，完善投融资服务体系，为创业项目和团队提供全方位的投融资支持
	投融资服务	
资源开放与共享	企业资源开放服务	依托物联网、大数据、云计算等技术和服务平台，探索服务于产业和区域发展的新模式，利用互联网手段，向社会开放供应链，提供财务、市场、融资、技术、管理等服务，促进大中型企业和小微企业协同创新、共同发展
	企业资源孵化能力	
	大中小企业协同创新	
	孵化企业的反哺能力	

三、评估发现

示范基地建设以来，创新创业主要统计指标呈现出快速增长的态势。一是示范基地带动就业能力大幅提升。根据 120 家示范基地上报的数据统计，2019 年，区域示范基地带动就业超过 90 万人，企业和科研院所示范基地带薪兼职创业人员超过 2000 人。示范基地新设立市场主体数量年均增长 7.6%，孵化平台载体平均面积超过 100 万平方米，增幅达 32.3%，很好地拉动了就业，特别是新兴产业就业人群的发展；二是产学研融通创新持续深入。区域示范基地技术合同成交额超过 1820 亿元，高校、科研院所示范基地成果转化交易额约 90 亿元。高校、科研院所与企业合作项目年增长 15.4%，企业与地方政府合作项目增长 69.4%；三是科技创新支撑能力不断夯实。区域示范基地拥有国家级高层次人才平均超过 600 人，拥有省级以上研究中心平均超过 50 家，新增高新技术企业超过 8410 家，同比增长 24.1%。四是创新创业生态不断优化。"放管服"改革持续深化，推广复制了一批典型经验，"双创"培训、讲座覆盖人数超过 240 万，年增长 22.6%；各高校"双创"教育和活动经费平均约为 2000 万，年增长 20.2%。在各基地不断的探索迭代中，逐渐形成了适合自身创新创业发展的模式和成熟经验。区域示范基地、高校示范基地、科研院所示范基地和企业示范基地各具特色，评估总结多年发展的经验和亮点，有助于相关经验的宣传和推广。

（一）区域示范基地的经验——完善有利于创新要素集聚的政策支撑体系

1.改变传统管理模式，强化配套政策支撑

针对"双创"要素支撑不够完善的问题，江苏省南京市雨花台区本着集约节约土地资源、可持续发展软件产业的原则，由国资平台公司牵头带领多家民营科技企业组团拿地，规划设计、手续办理、工程建设、公共配套、物业管理等均由国资平台公司负责，建成后相关民营科技企业"拎包入住"园区内产权独立的研发办公大楼，免去了工程建设等环节的人力物力投入，实现政企合作共赢，助推本土优质科技企业"落地生根"、跨越发展，在寸土寸金的主城区走出一条集约用地的新路。北京市海淀区深挖存量空间资源创新发展潜力，以疏解腾退和业态调整激发科技创新活力，通过空间挖潜改造汇聚资源，如将图书城业态转型升级为创业服务集聚区，改造后的中关村创业大街激发了创新创业要素融合集聚发展，更与城市功能整体提升发展相融合。福建省厦门市高新区采用"以人才需求为中心"的运营模式，着力打造集办公、居住、休闲、学习于一体的15分钟创新创业生活圈。该高新区成立了由园区龙头企业第一负责人组成的议事机构"发展战略咨询委员会"和由园区员工代表组成的议事机构"园区事务协商委员会"，由政府、企业、员工三方合力打造"共同缔造圈"，构建全新的产业发展机制和园区治理模式。广东省汕头市华侨试验区统筹和融合全球6000万华人华侨的信息和数据，打破侨务信息化建设孤岛，打造年产值50亿元的华人华侨大数据产业聚集区，并在"一带一路"沿线国家建立信息服务网络，收集包括产业政策、市场规则、文化风俗等方面的信息，为要"走出去"的企业提供参考，同时也让华侨华人成为"一带一路"推广大使。

2.因地制宜精准施策，做大做强优势产业

针对政策环境需要进一步提升的问题，贵州省贵阳市高新区积极出台"大数据十条""科技十条""创客十条""金融十条""国际化十条""区块链十条"，以简洁干练易懂的政策措施推动大数据示范基地升级发展；安徽省合肥

市高新区打造"人工智能＋合创券"平台，建立多维评价模型为合创券领用企业绘制成长画像，按照企业画像评分给予相应额度授信，引导企业全程线上采购科技中介服务、兑现奖补资金，实现按需申领、即领即用，提高财政资金效率。安徽省芜湖市高新区通过抓龙头、建平台、促孵化、聚人才等举措，重点发展新能源汽车及核心部件、微电子及信息服务、节能环保及高端装备制造三大主导产业。江苏省常州市武进区专门成立机器人产业发展办公室，从政策研究、项目招引、产学研合作、金融支持、资本运作等方面为机器人产业的发展提供全方位、专业化的服务。

3. 产业转型实体经济，开放合作促进交流

针对区域转型与开放合作问题，辽宁省大连市高新区依托雄厚的软件人才基础及人力资源成本较低、高校科研院所集聚优势，几年来不断探索和打造互联网＋新兴产业集群，工程仿真产业、互联网教育产业、互联网金融产业、数据应用及服务产业、生命科学产业等集群即将迎来爆发，助力实体经济提质增效；湖北省荆门市高新区克服地理区位劣势，通过与国家级研究院所合作，推动传统企业开展技术改造、工艺创新，加快生产、管理、营销模式变革和流程再造，重塑产业链、供应链、价值链，23 家企业成长为省级支柱产业细分领域隐形冠军，39 家企业实现扩规裂变，新增产值 189 亿元。广东省深圳市南山区专注垂直领域打造"小而精"的众创空间，为"双创"主体提供从研发打样、小批量试制到大批量生产的供应链及制造平台的精准服务，推动传统制造业加速转型升级。云南省昆明市经开区充分利用"中国－东盟科技伙伴计划"框架等国家层面的科技合作机制，力求推动示范基地成为中国和东盟国家之间实现科技资源共享、推动跨境创业孵化、推动科研成果转化、实现创客民心相通的重要载体；推动建设"马来西亚云南中小企业孵化器"和"中国－东盟创新中心印尼分中心"等跨境创新创业平台，打造"云上云"国际"双创"特色街区，吸引外籍人才来华创新创业。四川省成都市天府新区以智慧复合型绿色生态园区规划为基础，以新经济应用场景构建为目标，以"独角兽"企业引进培育为根本建设"独角兽岛"，并围绕信息安全、集成电路、大数据、物联网、云计算等新一代人工智能重点产业领域，

积极引进和培育"独角兽"、准"独角兽"和"瞪羚"企业入驻，未来将在西部地区带动技术、人才、资本和创新文化充分交融，加快培育全创新链、全产业链、全要素资源充分完备的产业生态圈。

（二）高校示范基地的经验——推动创新创业教育和成果转化制度改革

1. 试点改革各类制度，革新创新创业教育手段

针对职称晋升和教学改革问题，南京理工大学新增应用研究型和成果转化型职称晋升通道，明确规定在科技开发、社会服务等方面做出突出贡献的教职工，可以破格申报晋升专业技术职务；允许教职工在工作量饱和、高质量完成岗位职责的前提下，到企业及其他组织兼职从事科技成果转化工作，并按照有关法律法规和政策取得相应的劳动报酬。浙江大学明确，从事技术研发、成果转化的科研人员的高级职务评聘通道为评聘技术研发及知识转化研究员、副研究员（或高级工程师）职务；为进一步加强高层次人才队伍建设，为激发科技创新活力，鼓励教师在技术创新和成果转化方面做出成绩，并于 2018 年年底设立了"求是特聘技术创新岗"。河北农业大学全面实施创新创业人才培养导向的"1341"实践育人综合改革，即深化拓展"太行山道路"，构建 3 类实践育人模式，打造 4 个平台，构建"双创"教育体系，将人才培养置于经济、社会、产业发展的大背景下，全力提高市场需求与人才培养的符合度、科学研究对人才培养的支撑度、社会服务与人才培养的融合度。武汉大学启动"自强创业班"建设计划，探索创业教育与专业教育深度融合的人才培养新模式，学校 10 多个部门齐心协力，40 多位校内外老师打造精品课程方案，开展大量案例分析、情景模拟、小组讨论等互动式教学，开展企业参观、企业实习、创业体验等实践教学，让学生在实践中提升社会责任感，提升创新意识与创新创业能力。四川大学自 2011 年起新生按 25 人编班，全面开展高水平互动式、小班化课堂教学改革，以混合式教学、翻转课堂等推进启发式讲授、互动式交流、探究式讨论，教学相长。

针对专业教育与"双创"教育融合问题，清华大学开设技术创新创业辅修

专业，构建学科交叉融合的技术创新创业人才培养新模式。该辅修专业有 2 个鲜明的特点：一是要求学生组成跨专业团队，以团队合作的形式做出创新性产品；二是实行跨院系的联合导师制，每个合作院系各出一名联合导师，促进学科交叉人才培养。浙江大学管理学院与竺可桢学院于 1999 年联合开设了创新与创业管理强化班，每年从全校理工农医各个大类专业的本科二年级优秀学生中经初选和复试二轮选拔出 60 名学生，围绕学生创新潜力的激发，提出挑战性案例，指导学生讨论，走出课堂开展调研活动。哈尔滨工业大学建立大学大一年度项目学习知识体系，不断完善培训体系，重视发挥学生的主体作用，持续推进"大一年度项目计划"，着力建设创新创业教育"第一站"。西安电子科技大学创新创业学院开办创新实验班和创业种子班，开设通信类、电子类、计算机类、机械类、经济管理类、人文类相关专业，促进跨专业、跨学科之间学生交流、组队，并构建"1+3+10"创新创业课程教学体系，即以 1 个创新创业实践项目为核心、3 门创新创业必修课程为基础、10 次创新创业讲座和企业实践为辅助，促进课程知识的理解贯通，推动实践项目创新创业，提升创新创业人才培养质量。

2. 推进科技成果转化，完善高校创新生态

针对成果转化的制度保障问题，南京大学发布《南京大学"科技创新十百千工程"科学问题项目遴选意见（试行）》，启动"卓越研究计划"，组织推广具有很高的科学价值、对经济社会发展能起到重要推动作用、具有向现实生产力转化条件的基础研究项目，作为成果转化的有效供给；同时在校内协调整合国家重点实验室、国家工程技术研究中心、协同创新中心等科研载体，结合示范基地经费购置的硬件设备，建设通用技术平台、试验验证平台、公共技术服务平台和资源共享的创新平台，开放学校各类创新资源和基础设施。复旦大学积极探索建设"前孵化"研发体系，与地方政府、企业同步建设新型研发机构的"双基地"载体，包括新型研究机构、校企联合实验室和地方产业研究院/基地等；同时通过产业技术研究院建设，对接校外资源信息，打通校内外科研资源渠道，统筹管理前孵化研究机构，进而以产业化平台、专职科研人员、产业基金等方式对学校科研成果转化提供结构性增量支持，促进科研成果

转化。华中科技大学出台《华中科技大学专业技术人员校外兼职和离岗创业管理暂行办法》，从制度上规范了专业技术人员校外兼职及离岗创业活动；同时完善成果转化流程和信息公开制度，实行转化申请一张表，科技工作者取得职务科技成果转化现金奖励的个人所得税减半计缴。上海交通大学设计完善了知识产权转让、知识产权许可、知识产权作价投资、完成人实施（特殊转让）、专利直通车（特殊许可）5 种科技成果转化操作模式，鼓励学生使用学校成果进行创业，将专利免费许可给创业企业使用，产生收益后再补偿学校，实现"知识产权增资"。

针对"双创"生态建设和完善问题，华南理工大学通过打造"一校三区"创新创业生态圈，为师生提供工商注册、项目申报、企业管理技能培训、法律咨询、专利代理等全方位的服务，在校外依托华南理工大学国家大学科技园创新园区，成功申请成果产业化扶持专项，搭建起全流程孵化转化链条。其机器人创新基地积极引导学生申请专利，推动构建学科竞赛的成果孵化、转化体系，已取得显著成绩。截至 2019 年 6 月，该基地共获得发明授权 27 项，实用新型授权 119 项。吉林大学针对各地产业需求，利用政府、企业、校友等资源建设产业技术研究院和技术转移中心，不断优化产学研合作布局，先后在江苏省泰州市成立汽车动力传动研究院、在盐城市成立智能终端产业研究院、在广东省惠州市成立研究院、在江苏省苏州市成立创新研究院，在安徽省芜湖市、山东省德州市、吉林省四平市和通化市成立技术转移中心等多个校地、校企产学研合作平台。中南大学联合中介机构共同组建市场化运作的学校知识产权专业服务机构，建设专利代理服务、知识产权转化和运营服务、知识产权保护和维权等专业运营团队；同时以技术出资入股的方式与社会资本结合，成立科技成果转化的标的公司 80 多家，以公司为载体推动科技成果转化；为完善人才流动机制，出台《教学科研人员兼职与离岗创业管理办法（试行）》，支持教学科研人员从事科技成果转化。南京工业职业技术学院积极服务区域经济，带动就业质量。学院 6 个专业的校企合作改革项目共招收来自南京市 29 家企业的 293 名职工，为地区经济发展做出积极贡献。

（三）科研院所示范基地的经验——创新创业平台建设助推实体经济发展

1. 改革技术创新激励机制，探索科技成果转化新模式

针对科技工作者创新激励的问题，中国信息通信研究院强化组织体系创新，完善政策支撑，促进成果快速转化，建立了柔性、灵活的新业务孵化体系，针对产业前沿领域和新兴业态快速布局，在研究院内成立创新中心。对新成立的创新中心，研究院给予人员招聘、业务拓展及领域研究的一系列优惠政策，并给予3年成长期免考核的政策，引导新业务部门立足长远，切实做好产业、技术的基础研究。中国科学院长春光学精密机械与物理研究所在科学院系统内率先出台《促进科技成果转化奖励办法》《长春光机所科技成果转化实施细则》等一系列制度，拉近科研项目到科技成果的距离；基于研究所内研究特长打造专门从事中试技术开发的中试平台——精密仪器与装备研发中心，打破从实验室成果到产品的"一公里"瓶颈；成立T2T创业工作室、知识产权与成果转化处、集团公司，建立支持成果转化、创新创业及产业发展全过程的基金体系，打破从产品到商品的"一公里"瓶颈。针对知识产权保护和运营问题，中国科学院大连化学物理研究所设立了专利工作奖励管理办法，对规范知识产权管理及激励科技成果转化起到了重要作用；同时建立严格的知识产权专员考核制度，每一位知识产权专员必须通过知识产权法律法规和政策、专利申请审查、复审无效与诉讼、专利检索分析及战略研究等4门考试。目前研究所已拥有所级知识产权专员70多人，先后有26人获得中国科学院知识产权专员资格，在中国科学院系统位居前列。

2. 强化专业化"双创"平台建设，服务地方中小企业发展

针对专业化载体平台建设问题，中国科学院上海微系统与信息技术研究所、上海微技术工业研究院（简称工研院）及上海新微科技集团有限公司建立了"三位一体"的协同创新体系，研究所利用其技术优势和研发力量提供智力支持，集团有限公司则聚焦产业孵化和资本运作，以研究院为市场主体，三方携手以周期短、迭代快的中试服务模式响应市场需求，打造出兼具商业量产

线的标准流程及资源配置灵活的研发中试平台。上海微系统与信息技术研究所以共享开发让利创新创业个体，实现产业生态链的建设，共同开展智慧一体化座舱项目，旨在实现一芯多屏、人机互动、Info ADAS、车联网等功能。截至 2019 年 6 月，该研究所通过企业化运作累计实现产业收入 1.47 亿元，初步完成了由成本中心向技术中心、利润中心的蜕变。中国科学院深圳先进技术研究院抓准定位，与 600 多家企业开展协同创新合作，与企业联合建立了 88 个实验室，通过工研院平台积极共享设备，服务中小企业和创客，为包括清华大学、北京大学、香港中文大学在内的 200 多家企事业单位，以及育成中心和创客学院众多的创客团队与新创企业提供服务；同时积极参与地方产业转型升级，以组建产学研资联盟为抓手，推动科研与产业元素的深度结合，在生物、新材料、工业设计、3D 显示、海洋等 13 个新兴领域联盟或协会中担任副会长或副理事长单位。中国科学院计算技术研究所依托"云沃土"共享平台，通过帮助大公司完成底层技术和能力的开放落地，实现大公司赋能中小企业的"最后一公里"，为中小企业研发提供底层核心技术支撑；通过引进核心技术研究团队，完成自身核心技术的积累和核心技术的云共享，形成有研究力量和大企业力量参加的智库"云沃土"平台；"云沃土"平台精准匹配宁波市产业特点，深入发掘企业转型改造需求，协同产业链上下游，打造面向工业的开放智能云服务平台；推动宁波市制造业企业智能转化、转型升级，打造工业物联网新常态，为中小企业创造更大的"双创"舞台，帮助中小企业在自身科研实力匮乏的条件下依然拥有核心竞争力和强兼容能力。截至 2019 年 6 月，中国科学院苏州纳米技术与纳米仿生研究所先后建设纳米加工、测试分析、纳米生化和喷墨打印 4 个公共技术服务平台，通过委托加工、技术支持、项目合作等多种方式服务于企业，累计服务企业超过 1000 家，服务机时超过 74 万机时，对外服务机时占总服务机时的 70% 以上，总服务额超过 3.7 亿元，培训约 2.2 万人次；同时，联合中国科学院 32 家在苏分支机构平台，构建纳米技术、生物医药、电子信息等领域系列平台群，形成覆盖从研发、小试、中试放大到生产报批创新链全流程的平台服务体系，为纳米新材料、新能源、微纳制造等多领域的企业提供新技术、新产品、新工艺研发和加工、测试分析、咨询、人才培养服务。中国科学院西安光学精密机械研究所针对半导体行业投入大、风险高的劣势为小微企业量身打造了陕西光电子集成电路先导技术研究院光电芯片园区和硬科技企业社区，为中小微企业提供全链条、接地气的专业服务，包括专业化的设备、科研服务、技术服务、厂区服务、物业服务和后勤服务，为专业领域企业孵化培育提供"硬"支持。国家工业信息安全发展研究中心通过两化融合服务平台积累了 14 万家中小企业的数据，通过大数据挖掘提供包括政策服务、创业孵化、金融服务、知识产权、测试验证等在内的一站式"双创"综合服务，成为全国中小企业的"决策咨询研究院"，在线服务个人创业者和中小企业超过 10 人（家），构建起两化融合新生态，支撑数字经济发展。

（四）企业示范平台的经验——以融通发展推动企业创新和转型升级

1. 探索体制机制改革，疏解企业创新难点

企业是创新创业的主体，企业员工是创新创业活力的源泉。为了激发企业内部的"双创"活力，各企业示范基地纷纷出台政策强化创新激励机制，提升员工的积极性。针对员工激励和奖励问题，国家电网公司制定《国家电网公司科技型企业分红激励机制建设总体方案》，根据公司科研单位、产业单位经营及用工特点，分级分类控制激励人数、激励标准，合理确定激励方式，探索开展岗位分红激励试点和项目分红激励储备。公司对岗位分红激励按照"当年激励，次年考核兑现"的方式实施；项目收益分红激励方面，按照"先储备、再试点"的原则，建立健全清晰的项目成本收益核算体系，研究制定科学评价项目人员价值贡献的标准，完成项目储备后，根据项目收益情况开展试点。中国钢研科技集团有限公司出台了《中国钢研科技集团有限公司钢研大慧双创基地鼓励创新创业政策及实施意见》，探索制定了 24 条可操作性强、突破性强、激励性强的创新创业政策举措，在科技成果分配、科技成果入股、混合所有制、模拟股权创业、离岗留编等方面为科研人员创新创业铺平了道路，提供了保障，解决了"后路"和"出路"。中国电子科技集团有限公司探索容错纠错机制，解决创新创业人员后顾之忧。集团所属的第三十八所制定并发布

了《三十八所关于鼓励依托合肥公共安全技术研究院加速产业孵化的适用政策实施办法（试行）》，明确了创业项目团队进入研究院平台后的人员进出、绩效考核、激励约束、容错退出等方面的管理办法。中国航天科工集团有限公司围绕"三期三池"内部"双创"工作模式，在企业专有云平台众创空间积累了1202个内部"双创"项目。基于项目发展的不同阶段，集团公司给予内部"双创"投资基金、内部"双创"专项贷款池、内部"双创"种子池专项基金、内部"双创"信贷等金融支持，并为"双创"项目提供线上平台资源，以及线下入驻空间、制造加工、试验检测、"双创"导师、孵化营培训、市场推介等资源和服务，着力推动"双创"成果产业化、企业化、市场化发展。集团所属第二研究院二〇六所"设备精灵"成果转化落地并实现公司化运营，是集团在职离岗"双创"政策的具体落实，首次实现了国有企业科技成果所有权、使用权、收益权的三权分离，开启了国有企业科技成果以独占许可给创客并作价入股"双创"公司的首例，成为国有企业打通创新创业"最后一公里"的典型示范。

2. 建立自主技术体系，引领企业转型升级

在国内外新形势下，企业围绕自身优势建立并发展自主创新产品、技术和体系，打破国外垄断，引领企业转型升级，促进我国实体经济快速发展。针对关键共性技术缺乏的难题，为攻克行业产业链薄弱环节，中国电子信息产业集团有限公司围绕网络安全和信息化、智能制造、信息服务等核心业务，积极联合政府资源、社会资源、中小微企业共同发起成立产业联盟，在更大范围内推进"双创"发展。在网络通信领域，该集团主导和参与了绿色计算产业联盟、Linaro国际开源联盟等24家联盟，开展广泛交流与合作；以"PK体系"为技术核心，联合国内网络通信产业大中小微企业组成生态圈；在智能制造领域，该集团联合行业内47家企业组建了人工智能制造业创新技术与应用联盟，通过技术、市场、产业、人才方面的联合，共同推动智能制造产业的发展。中国移动通信集团有限公司在网络功能虚拟化、车联网、数字家庭等关键垂直领域与产业龙头企业探索合作孵化机制，推动创新创业高质量发展。截至2019年6月，中国移动5G联创中心聚合近500家合作伙伴，搭建起22家开放实验室，为当地初创团队或企业提供廉价优质的产品测试及研发环境，全面促进科技成果转化，发挥对区域产业发展的支撑作用。阿里巴巴集团控股有限公司2017年就启动了面向未来20年储备核心科技，以期实现换道超车的"NASA"计划。有研科技集团有限公司推行"联盟＋公司"的创新运行模式得到国家政府管理部门的高度认可，并已形成国家制造业创新中心的新型建设模式。2016年6月，以有研科技集团有限公司控股的国联汽车动力电池研究院为核心的我国第一家制造业创新中心——国家动力电池创新中心成立，中国汽车动力电池产业创新联盟同步组建。2017年6月，有研科技集团有限公司牵头组建中国新材料测试评价联盟，并积极探索组建覆盖有色金属、钢铁、建材化工等工业基础原材料行业的新材料测试评价平台。2017年8月，新型创新企业——国合通用测试评价认证股份公司成立，承担国家新材料测试评价平台（主中心）建设任务。通过一年多的"联盟＋公司"的创新建设，国家新材料测试评价平台（主中心）广泛服务于国民经济的各个领域，为新材料生产或应用企业提供测试、评价和认证一体化的解决方案，带动了全国新材料测试评价资源的整合。

3. 整合资源协同创新，大中小企业"传帮带"

在推进行业内大中小企业联动方面，国家电网公司顺应能源革命和数字革命融合发展趋势建设新能源云平台，通过"互联网＋"等技术与新能源产业链上下游企业泛在连接，通过新能源云平台整合发电企业、分布式光伏设备商、集中式光伏设备制造商等上下游企业资源，打造以线上平台为核心的新能源产业生态圈。国家电网公司依托新能源云平台，汇聚新能源电站信息数据，搭建开放合作"桥梁"，为产业链上下游企业提供多层级信息服务；对接众多金融机构，切实解决光伏行业中小企业融资难、保险难等问题。在整合金融资源服务中小企业方面，上海万向区块链股份有限公司联合新加坡星展银行（中国）有限公司和北汽集团中都物流有限公司的区域金融解决方案于2019年正式上线，实现了区块链技术在工业领域的商业落地。这一模式取消了整车物流业务模式中纸质运单的作业及流转，实现基于区块链的物流运营和供应链相关方在线对账模式。在共享自身优势资源服务企业方面，浪潮集团有限公司以数据为核心，开放在数据、技术、平台等各方面的优势资源，提出并实施"公司＋创客"的大数据"双创"产业模型,通过建设运营大数据"双创"中心、天元数据网、数据所、大数据'双创'孵化平台等措施,积极打造大数据上下游生态链,开展大数据"双创"工作,提升大中小企业协同创新及孵化企业对示范基地业务的反哺能力。创业企业通过大数据创客孵化平台可以获得丰富的大数据资源和可靠的技术支撑,快速开展大数据领域的创新创业活动。中国宝武钢铁集团有限公司建设欧冶云商钢铁电商专业化平台。2018年,欧冶云商创新推出产能预售这一交易模式,依托互联网平台,通过大数据、人工智能等技术应用,提供数据化、智能化服务,有效提升了服务效率,为用户创造最优价值。实现了钢厂同质化产能的在线零售,有助于促进以销定产,实现钢厂产能的合理投放,对助力供给侧结构性改革具有积极作用;同时,产能预售对接下游广大中小企业,通过'互联网+'赋能,助力中小微企业创新创业。在组建产业联盟协同发展方面,长春国信现代农业科技发展股份有限公司牵头创建了长春市有机蔬菜产业技术创新战略联盟,建立了联盟机制和创新体系,联盟企业达200家。联盟合作开展技术研究和创新,大力发展有机蔬菜精深加工,提高有机蔬菜产业的发展效益;同时,企业自身注重打造样板对象,在有关行业的各个方面建立"标准化"体系,提升复制推广能力,最终将实现有机农业"集成服务商"的目标。

(五)存在问题

评估发现,当前示范基地主要存在以下几方面问题。

1. 部分地区不同类型示范基地之间常态化沟通交流机制还不健全

例如,中西部地区部分示范基地反映,高校和科研院所仪器共享存在体制障碍,但广东省和长江三角洲地区的科研院所已经找到破解体制性障碍的切实可行办法,甚至实现了跨省仪器共享,此类经验值得交流共享。

2. 示范基地带动作用有待进一步提升

部分示范基地在人才、创新资源等方面的集聚效应发挥较多,但对周边的辐射带动作用相对不足。如福建省厦门市高新区反映,优质在孵项目很难从众创空间流向孵化器、加速器、产业园,导致整个孵化链条的成效不够突出,创业孵化可持续性较弱。

3. 激励专业服务机构和相应人才积极性的政策还不完善

评估发现，市场上缺乏标准化的创新创业服务培训，许多创新创业服务机构不得不通过"挖人"获取人才，高水平的科技成果转化中介服务机构和人才仍然缺乏。

4. 创业服务平台的资源集聚和整合能力不够

少数示范基地中的众创空间只能靠当"二房东"勉强盈利，资源及影响力非常有限，提供资源的能力已跟不上企业需求。

5. 先行先试突破体制机制仍然受到掣肘

例如，上海市杨浦区反映自贸区和"全创改"经验较难在区内复制推广；清华大学反映高校与税务部门对科技成果作价入股的操作路径是否符合税务规定仍存在不同认识，导致无法顺利完成税务备案。

6. 部分创新创业政策落实落地存在困难

《国务院关于推动创新创业高质量发展打造"双创"升级版的意见》明确提出要完善创新创业产品和服务政府采购等政策措施，但缺乏可落地可实施的细则。对于在同等条件下是否优先考虑初创型企业或以其他形式操作这一问题并无明确答案，政策"含金量"不足。

四、相关建议及经验

（一）相关建议

评估工作组广泛听取了创新创业领域的专家和有关管理机构的意见和建议。各方总体认为，下一步要按照高质量发展的要求，加快打造"双创"升级版，加大对示范基地的指导和管理力度，使其真正成为培育壮大新动能的重要载体。

1. 加大对新时期示范基地建设的政策支持

适应示范基地从建设期转向发展期的阶段需要，统筹研究支持示范基地建设的政策，及时规划示范基地未来发展的时间表和路线图。加强示范基地所在省（自治区、直辖市）及其他管理部门有关科技政策与财税、金融、贸易、投资、产业、知识产权等政策资源的统筹协调，加强对"双创"政策落地的持续性监测督查。

2. 加快推进示范基地动态调整

及时向示范基地公布评估结果，以评促建，调出工作推进不力的示范基地，并将综合实力较强的基地纳入全面创新改革等政策试点示范范围，强化改革先行先试和政策激励力度。研究建立省级示范基地晋升国家级示范基地的机制，及时将创业带动就业、支撑科技创新、大中小企业融通创新等方面表现突出的基地纳为国家级示范基地。

3. 加快成立新的示范基地联盟

加快增建南部地区和中部地区示范基地联盟，发挥示范基地联盟的交流沟通作用，定期组织示范基地交流研讨会，交流学习经验。研究相关机制，给不同示范基地的管理人员提供横向交流的机会，建立示范基地之间党组织联谊机制，加强示范基地管理人员所在党支部的活动交流，以党建促进创新创业更好开展。

4. 强化示范基地服务标准化建设

在示范基地内为技术转移和创新创业服务人员建立专门的考评、晋升和激励政策体系。增加技术服务类职业，恢复"创业指导师"职业类别，将国家市场监督管理总局纳入推进大众创业万众创新部际联席会议，发挥标准在创新创业中的引导作用。

5. 提升创新创业平台载体的质量

加快建立统一公正的技术验证评价体系，在此基础上打造市场化、专业化、国际化的新型技术交易与服务平台。淘汰一批无法适应市场需要的孵化载体。通过将资源集中到专业化载体中，带动各地创新资源向示范基地集聚。

6. 突出示范基地改革创新的带动作用

尽快在示范基地推广前期全面创新改革试验的成功经验，并将具备基础条件的示范基地纳入新一轮全面创新改革试点示范范围，依托示范基地试点一批"小切口、大突破"的改革举措。及时将部分示范基地形成的成功经验写入国民经济和社会发展的规划，在其他示范基地及全国范围内推广。

（二）评估影响与经验

《首批双创示范基地建设和政策措施落实情况评估报告》对区域、企业、高校和科研院所"双创"示范基地分别设定指标体系进行量化评估，对区域示范基地的评估结果支撑了国家发展和改革委员会对首批"双创"示范基地的表彰和设立第二批"双创"示范基地的决策参考。这些做出成绩的"双创"示范基地与中国科协创新战略研究院建立起了良好的合作关系，其典型经验和做法为后面的"双创"政策制定奠定了基础。

在政策制定方面，中国科协投入大量人力和时间，保证了《关于强化实施创新驱动发展战略进一步推进大众创业万众创新深入发展的意见》的顺利发布。

在推进"双创"培育发展新动能方面，中国科协创新战略研究院赵宇、李美桂因综合表现突出，被评为"优秀督查队员"。督查报告于 2017 年 9 月 13 日提交国务院常务会议审议，中国科协创新战略研究院负责的《推进"双创"培育发展新动能专题督查访谈摘录》的汇编得到国务院领导批示。

1. 充分考虑专业特性和业务互补特性安排评估组

中国科协从 2015 年开始组织开展"双创"评估工作，充分发挥"小中心、大外围"的组织优势，广泛联系地方科协、学会、专业机构等开展实地调研、专家座谈、政策研究、专项督查等工作，形成了一支庞大的专业团队和专家群体。本次评估组安排建立在中国科协对示范基地情况充分了解的基础上，充分考虑到示范基地专业特征和需求，参与评估机构的能力和互补性，如省级科协对当地较为熟悉，省级科协牵头组织对本区域示范基地开展评估工作也较为容易；中国生物医学工程学会、中国金属学会、中国纺织工程学会、中国煤炭学会等全国学会，以及西安电子科技大学、中国信息通信研究院、国家工业信息安全发展研究中心等高校和科研院所的专业与被评示范基地高度相关；国家电网有限公司、中国航天科工集团有限公司等示范基地评估组与被评示范基地业务存在高度互补的可能。实地调研评估发现，中国航天科工集团有限公司反映与中国科学院计算技术研究所在需求、产品、思路和计划等方面有着很多契合点，中国科学院计算技术研究所在芯片领域成效显著但缺乏军口渠道，而中国航天科工集团有限公司有应用场景需求，双方通过评估平台加强了示范基地交流合作。

2. 实地评估调研过程中发现一批基层业务骨干

实地评估调研过程中，各评估组认真负责查阅资料、审核报告，事先梳理问题咨询示范基地负责同志。调研过程中发现，一批示范基地一线管理人员对基地内业务流程驾轻就熟，对基地内企业信息如数家珍，对当前"双创"发展和痛点难点分析鞭辟入里。他们既有对创新创业的深入研究思考，又有基层一线的实践经验和一手的问题反馈。他们长期从事创新创业管理实践，有丰富的经验和更加深入的思考，能够为"双创"专家队伍的评估提供很好的补充。

（三）要为示范基地专业化发展提供更多助力

每家示范基地各具特色，我们根据区域、高校和科研院所特色、企业性质将其分为 11 类，再按照专业区分则类型更多，这说明了示范基地本身就具有许多独特的性质，因此很难对示范基地进行不加细分的大排名。在调研过程中我们发现，示范基地逐渐聚焦于 1～2 个特色产业重点突破，因此各示范基地普遍反映，要对具体专业领域的创新创业给予更针对性的指导和帮助。首先，应该更加强调专题性评估，从"小切口"入手，围绕技术与"双创"交叉的难题开展把脉式评估，提出针对性建议，加强专家和示范基地的联系；其次，需要从技术和战略层面更有针对性地遴选专家，除了中国科协系统内部专家资源，中国科协还可以牵头将行业专家和管理战略专家组织起来，多开展专题培训及结合实地调研的专题研讨；最后，需要进一步为示范基地的交流合作创造机会，很多示范基地管理人员有出去"走一走、学一学"的切实需求，多产业协同和优势互补也需要通过更多的渠道来实现，需要借助评估平台创造机会，让不同示范基地和不同专家广泛进行交流，形成火花碰撞，促成产业合作。

第六章

全面创新改革试验评估

受国家发展和改革委员会委托，中国科协针对京津冀区域和上海市全面创新改革试验推进情况（2016—2019年）开展了为期3年的第三方评估，持续跟进改革进展，研判改革成效，识别问题难点，分析政策堵点，提出对策建议。本章以上海市实施全面创新改革试验、加快建设具有全球影响力的科技创新中心为典型案例，系统解析改革的"设计图""施工图""效果图"。一是"设计图"，将上海市20项全面创新改革举措分为"人""钱""平台"3类，聚焦"人"的举措重点在于海外人才引进（2项）和创新主体激励（2项），聚焦"钱"的举措重点在于财税制度改革（4项）和科技金融创新（7项），聚焦"平台"的举措重点在于综合科学中心（4项）和新型研发机构（1项）。二是"施工图"，基于国家层面的制度空间和地方层面的改革力度2个主要维度构建分类框架，将20项先行先试改革举措的推进方式和路径分别归纳为4个主要类型，分别是改革创新类举措（9项）、落实执行类举措（4项）、实践探索类举措（3项）、推进障碍类举措（4项）。三是"效果图"，按照完成方式和完成度2个指标来研判改革的进展与成效，完成方式具体分为建设载体、设置机构、落实政策、树立典型和建立制度5种，完成度指标重点考察改革举措落地程度、协调性和推广价值。

一、评估概况

2014 年 8 月，为了加速构建适应创新驱动发展的制度环境，习近平总书记在中央财经领导小组第七次会议上做出部署，研究在一些省区市系统推进全面创新改革试验，授权这些地区在知识产权、科研院所、高等教育、人才流动、国际合作等多方面进行改革，形成几个具有创新示范和带动作用的区域性创新平台。2015 年 8 月，党中央、国务院印发《关于在部分区域系统推进全面创新改革试验的总体方案》，明确在京津冀地区、上海市、广东省、安徽省（合肥市、芜湖市、蚌埠市）、四川省（成都市、德阳市、绵阳市）、湖北省武汉市、辽宁省沈阳市和陕西省西安市 8 个区域率先开展全面创新改革试验。

根据国家发展和改革委员会办公厅关于委托开展全面创新改革试验评估的要求，中国科协于 2016—2019 年对京津冀地区和上海市全面创新改革试验推进情况开展第三方评估。中国科协坚持问题导向，从系统性、整体性、协调性的角度，聚焦重点问题、重点人群和重点区域，及时掌握改革进展，总结成效亮点、识别问题痛点、归纳政策堵点，形成在全国可复制可推广的重大改革举措，宣传典型经验，为进一步建立健全区域创新体系、建设创新型国家提供研究支撑。

全面创新改革试验评估历时 4 年，基于评估而凝练形成的 3 批经验举措已通过国务院办公厅《关于推广支持创新相关改革举措的通知》《关于推广第二批支持创新相关改革举措的通知》《关于推广第三批支持创新相关改革举措的通知》等文件发布，并在全国范围内复制推广。

专栏 1　国务院办公厅推广 3 批支持创新相关改革举措

一、第一批推广的改革举措（13 项）

（一）科技金融创新方面 3 项：以关联企业从产业链核心龙头企业获得的应收账款为质押的融资服务；面向中小企业的一站式投融资信息

服务；贷款、保险、财政风险补偿捆绑的专利权质押融资服务。

（二）创新创业政策环境方面5项：专利快速审查、确权、维权一站式服务；强化创新导向的国有企业考核与激励；事业单位可采取年薪制、协议工资制、项目工资等灵活多样的分配形式引进紧缺或高层次人才；事业单位编制省内统筹使用；国税地税联合办税。

（三）外籍人才引进方面2项：鼓励引导优秀外国留学生在华就业创业，符合条件的外国留学生可直接申请工作许可和居留许可；积极引进外籍高层次人才，简化来华工作手续办理流程，新增工作居留向永久居留转换的申请渠道。

（四）军民融合创新方面3项（略）。

二、第二批推广的改革举措（23项）

（一）知识产权保护方面5项：知识产权民事、刑事、行政案件"三合一"审判；省级行政区内专利等专业技术性较强的知识产权案件跨市（区）审理；以降低侵权损失为核心的专利保险机制；知识产权案件审判中引入技术调查官制度；基于"两表指导、审助分流"的知识产权案件快速审判机制。

（二）科技成果转化激励方面4项：以事前产权激励为核心的职务科技成果权属改革；技术经理人全程参与的科技成果转化服务模式；技术股与现金股结合激励的科技成果转化相关方利益捆绑机制；"定向研发、定向转化、定向服务"的订单式研发和成果转化机制。

（三）科技金融创新方面5项：区域性股权市场设置科技创新专板；基于"六专机制"的科技型企业全生命周期金融综合服务；推动政府股权基金投向种子期、初创期企业的容错机制；以协商估值、坏账分担为核心的中小企业商标质押贷款模式；创新创业团队回购地方政府产业投资基金所持股权的机制。

（四）军民深度融合方面6项（略）。

（五）管理体制创新方面3项：允许地方高校自主开展人才引进和职称评审；以授权为基础、市场化方式运营为核心的科研仪器设备开放共享机制；以地方立法形式建立推动改革创新的决策容错机制。

三、第三批推广的改革举措（20项）

（一）科技金融创新方面7项：银行与专业投资机构建立市场化长期性合作机制支持科技创新型企业；科技创新券跨区域"通用通兑"政策协同机制；"政银保"联动授信担保提供科技型中小企业长期集合信贷机制；建立银行跟贷支持科技型中小企业的风险缓释资金池；建立基于大数据分析的"银行＋征信＋担保"的中小企业信用贷款新模式；建立以企业创新能力为核心指标的科技型中小企业融资评价体系；银行与企业风险共担的仪器设备信用贷。

（二）科技管理体制创新方面6项：集中科技骨干力量打造前沿技术产业链股份制联盟；对战略性科研项目实施滚动支持制度；以产业数据、专利数据为基础的新兴产业专利导航决策机制；老工业基地的国有企业创新创业增量型业务混合所有制改革；生物医药领域特殊物品出入境检验检疫"一站式"监管服务机制；地方深度参与国家基础研究和应用基础研究的投入机制。

（三）知识产权保护方面2项：建立跨区域的知识产权远程诉讼平台；建立提供全方位证据服务的知识产权公证服务平台。

（四）人才培养和激励方面1项："五业联动"的职业教育发展新机制。

（五）军民深度融合方面4项（略）。

二、评估方案

（一）评估要求

1. 重视评估接续，聚焦关键政策和关键问题

重点了解各地关于全面创新改革试验出台的配套政策文件、实施情况、工作机制、责任分工、进度安排和落实进展，分析政策落实中存在的主要障碍和原因，对全面创新改革试验工作形成整体认识。

2. 突出区域特色，凝练改革亮点形成推广经验

结合上海市全面创新改革试验的定位与分工，重点聚焦于地方先行先试改革举措的调研、分析与评估，按成熟程度分类提出建议并向全国推广。

3. 突破改革难点，从体制机制层面分析问题对策

坚持独立第三方视角，系统、客观、全面分析地方全面创新改革试验存在的问题，在兼顾面上的同时，围绕区域特色重点的改革举措，进一步与各方深入沟通，了解政策落实中的难点和顾虑，将问题分析和政策建议提升到机制层面。

（二）评估任务

（1）具有全球影响力的科技创新中心建设成效评估。评估上海张江综合性国家科学中心建设情况、关键共性技术研发和转化平台建设情况、引领产业发展的重大战略项目和基础工程实施情况及张江国家自主创新示范区建设情况。

（2）体制机制改革成效评估。评估建立符合创新规律的政府管理制度、构建市场导向的科技成果转移转化机制、实施激发市场创新动力的收益分配制度、健全企业为主体的创新投入制度、建立积极灵活的创新人才发展制度、推动形成跨境融合的开放合作机制等的成效。

（3）国家授权推进的先行先试改革举措评估。评估的改革举措包括研究探索鼓励创新创业的普惠税制、探索开展投贷联动等金融服务模式创新、改革股

权托管交易中心市场制度、落实和探索高新技术企业认定政策、完善股权激励机制、探索发展新型产业技术研发组织、开展海外人才永久居留便利服务等试点、简化外商投资管理、改革药品注册和生产管理制度、建立符合科学规律的国家科学中心运行管理制度。

（三）评估组织

中国科协负责评估工作的总体领导和组织，中国科协创新战略研究院牵头，发挥科协系统的组织优势，动员两院院士、专家学者和专业评估机构参与，深入基层开展调研，组织召开专题座谈会，收集数据案例，启动全国科技工作者状况调查系统，全面深入地进行评估。

中国科协创新战略研究院及科技、经济和公共政策研究专家共同组成专门工作组，负责评估工作的具体实施，包括细化评估实施方案，组织开展调研、研讨，提出评估结论和建议，撰写评估报告等。为确保评估工作的战略性和客观性，中国科协创新评估指导委员会对评估所形成的结论和建议进行评议审定。

各省（市）科协协助组织开展所在地区的评估工作，重点是围绕全面创新改革试验举措在地方落实情况开展调查研究，梳理配套政策文件，总结进展和成效，收集汇总数据，查找突出问题，形成意见和建议。

有关全国学会结合自身优势和特色，协助组织相关专家参与评估工作，重点是围绕本领域全面创新改革试验情况开展专题调研，收集汇总数据，查找突出问题，形成意见和建议。

（四）分析框架

根据改革力度和制度空间两个维度，先行先试改革举措的推进方式可以分为4类（表6-1）。一是改革力度，主要衡量地方政府突破现有体制机制的意愿、决心和力度强弱，反映了改革创新的主观条件。二是制度空间，主要是指地方政府改革创新可以选择的制度范围，即在什么范围、界限或原则条件下进行改革，改革创新空间有多大，反映了改革创新的客观条件。

表6-1　先行先试改革举措推进方式的分类

制度空间 改革力度	大	小
大	**改革创新类** 内涵界定：受国家委托，本试验区积极承担改革试点任务，开展先行先试，所采取的改革举措对现有的体制机制有较大程度的突破 评估要点：主要关注中央和地方政府联动、共同突破的做法	**实践探索类** 内涵界定：现行的改革举措往往与国家层面相应的制度和战略相抵触，难以从地方政策进行正面突破；但是，试验区围绕改革目标进行相应的部署，默许或鼓励市场主体、社会主体开展实践路径的探索、创新 评估要点：主要关注在制度瓶颈或政策风险的背景下地方政府如何采取变通式做法
小	**落实执行类** 内涵界定：从国家层面而言，改革举措已经开展，并以制度形式予以固化，地方层面只需按照国家要求在相应制度框架内落实执行，优化细节与流程，保障落地，无须做根本性的制度创新 评估要点：主要关注地方政府落实政策效果及其创新做法	**推进障碍类** 内涵界定：此类举措往往受制于国家的总体性制度安排，难以突破；地方政府在出台相关的方案后，则是等待国家的进一步授权，而并未有进一步的行动 评估要点：主要关注问题难点和政策堵点

上海市全面创新改革所采取的10个方面20项国家授权先行先试改革举措同样可以分为改革创新类、落实执行类、实践探索类和推进障碍类（表6-2、表6-3）。

表6-2　上海市先行先试改革举措的经验及问题分析

改革举措		特征归纳 （改革亮点/政策堵点）
改革创新类	海外人才永久居留便利服务试点	迭代更新式改革
	建设海外人才离岸创业基地	集成叠加式改革
	探索开展药品审评审批制度改革	机制优化式改革
	药品上市许可持有人制度改革	综合配套式改革

续表

改革举措		特征归纳 （改革亮点／政策堵点）
改革创新类	支持符合条件的银行业金融机构成立科技企业金融服务事业部	持续增量式改革
	完善重大科技基础设施运行保障机制	建设带动式改革
	支持国家科学中心发起组织多学科交叉前沿研究计划	
	探索设立全国性科学基金会，探索实施科研组织新体制	
	建立生命科学研究等事项的行政审批绿色通道	
落实执行类	落实对包括天使投资在内的向种子期、初创期等创新活动投资的税收支持政策	做"加法"：举措配套
	落实新修订的研发费用加计扣除政策	做"减法"：简政放权
	落实探索高新技术企业认定政策	做"乘法"：多维聚力
	落实并完善股权激励机制	做"除法"：破除瓶颈
实践探索类	探索开展投贷联动等金融服务模式创新	差异化试点＋底线式思维
	支持上海股权托管交易中心设立科技创新板	规定动作"不折不扣"＋自选动作"先行先试"
	探索发展新型产业技术研发组织	正面"单点突破"＋外围"另辟蹊径"
推进障碍类	探索设立以服务科技创新为主的民营银行	改革主体自身存在先天缺陷或不足
	探索设立服务于现代科技类企业的专业证券机构	外在环境条件突变延缓改革进程
	为股权众筹融资试点创造条件	上级监管部门尚未给予充分授权
	简化外商投资管理	改革举措本身存在较大风险隐患

表 6-3　上海市先行先试举措的完成方式与完成度

改革举措		完成方式					完成度		
		建设载体	设置机构	落实政策	树立典型	建立制度	是否落地	是否协调	可否推广
改革创新类	海外人才永久居留便利服务试点	√	√	√	√	√	√	√	√
	建设海外人才离岸创业基地	√	√	√	√	√	√	√	√
	探索开展药品审评审批制度改革	√	√	√	√	√	√	√	√
	药品上市许可持有人制度改革	√	√	√	√	√	√	√	√
	支持符合条件的银行业金融机构成立科技企业金融服务事业部	√	√	√	√	√	√	√	√
	完善重大科技基础设施运行保障机制	√	√	√	√	√	√	√	√
	支持国家科学中心发起组织多学科交叉前沿研究计划	√	√	√	√	√	√	√	√
	探索设立全国性科学基金会，探索实施科研组织新体制	√							
	建立生命科学研究等事项的行政审批绿色通道	√							
落实执行类	落实对包括天使投资在内的向种子期、初创期等创新活动投资的税收支持政策	√	√	√	√	√	√	√	√
	落实新修订的研发费用加计扣除政策	√	√	√	√	√	√	√	√
	落实探索高新技术企业认定政策	√	√	√	√	√	√	√	√
	落实并完善股权激励机制	√	√	√	√	√	√	√	√
实践探索类	探索开展投贷联动等金融服务模式创新	√	√	√	√	√			
	支持上海股权托管交易中心设立科技创新板	√	√	√	√	√	√	√	
	探索发展新型产业技术研发组织	√	√	√	√	√			√

续表

改革举措		完成方式					完成度		
		建设载体	设置机构	落实政策	树立典型	建立制度	是否落地	是否协调	可否推广
推进障碍类	探索设立以服务科技创新为主的民营银行	√			√	√			
	探索设立服务于现代科技类企业的专业证券机构	√							
	为股权众筹融资试点创造条件								
	简化外商投资管理								

注：“载体”指运行载体；“机构”指政府设立的监管机构；“典型”指成功落地的个案；“是否协调”指该项举措与现行制度体系的协调度和兼容度。

三、评估发现

（一）上海市全面创新改革试验的总体特征

上海市把加快建设具有全球影响力的科技创新中心作为实施国家创新驱动发展战略的重要载体和核心举措，坚持科技创新、体制机制创新的“双轮”驱动，以创新发展生产力和改革调整生产关系。聚焦牵一发而动全身的体制机制瓶颈，在政府创新管理、科技成果转移转化、收益分配、创新投入、创新人才发展、开放合作等6个方面开展改革探索；出台《关于进一步深化科技体制机制改革增强科技创新中心策源能力的意见》，进一步为科研机构和科研人员放权赋能，加强科技创新体制机制保障；在海外人才永久居留便利服务制度、药品上市许可持有人制度、天使投资税制、区域性股权交易市场“科技创新板”等方面形成了一批可复制可推广的改革举措，全社会创新活力和潜能不断激发。

1. 政府创新管理有了新机制，对科研和产业创新活动的不合理干预进一步减少

最大限度减少政府对创新创业活动的干预，为创新主体松绑。着力降低创新创业门槛，在浦东区率先对 160 多项行政许可事项开展证照分离改革试点，破解束缚市场主体经营活动的办证多办证难问题，相关改革事项已在全国范围推开实施。率先实施药品上市许可持有人制度，截至 2018 年年底，上海市已有 47 家申请单位提交 123 件共 74 个品种的试点申请，申报品种中有 31 个是具有自主知识产权、尚未在国内外上市的一类新药，有 34 个品种获国家药品监督管理局批准成为试点品种（含临床），其中有 9 个品种已获批上市，包括首家研发单位持有人申请的孟鲁司特钠咀嚼片，以及本土自主研发的抗肿瘤创新药呋喹替尼胶囊等。积极推进医疗器械注册人制度试点，通过先期指导和优化完善程序，加快产品上市速度，从正式受理至准予上市仅用时 26 个工作日，比法定工作时限缩短 82%。扩大科研单位经费使用自主权，允许市级重大科研项目开支科目不设比例限制，将竞争类科研项目直接费用中的预算调整权限下放给项目承担单位，允许项目单位自主确定劳务费发放标准，进一步调动科研机构和人员的创新积极性。

2. 市场导向的科技成果转移转化有了新保障，各类主体的科技成果转化动力得到进一步激发

充分发挥市场在创新要素配置中的决定作用，着力打通科技成果产业化通道。加快向高校、科研院所下放科技成果使用、处置和收益权，建立健全促进科技成果转移转化的成果披露、职称评定、岗位管理、考核评价、收入分配、激励约束等制度。截至 2018 年，上海市已有 28 家理工类高校和科研院所建立或修订了成果转化管理办法，16 家高校建立了独立的技术转移中心。2019 年，上海市高校和科研院所成果转化合同金额、合同数较 2017 年同期分别增长 109%、86%，作价投资方式转化项目同比增长 285%，形成了"学校预期收益 + 事中产权激励 + 团队自主创业"等一批特色成果转化模式。加强技术转移专业服务机构建设，进一步与国际通行经验接轨，允许从科技成果转化净收入中提取不低于 10% 的比例用于机构能力建设和人员奖励，旨在激发技术转移专业人员的积极性。探索新型产业技术研发机制，通过"机构式资助"、财政经费"退坡"等新型财政支持方式，培育了上海微技术工业研究院等一批市场化运作的非营利性研发机构，上海集成电路研发中心有望成为全球第二大集成电路共性技术开发平台。建设社会化专业服务机构，探索科技创新券用于科技成果转化全链条服务，汇聚服务机构 200 多家；一批多模式、高层次、高成长性的社会化服务机构脱颖而出。打造"全球技术转移枢纽"，截至 2018 年年底，国家技术转移东部中心布局海外分支机构 14 个、长江三角洲地区及其他国内合作渠道 17 个，集聚本地合作机构 243 家，科技成果资源库内汇聚国内外成果 38218 项，其中包含 17973 项海外高校专利成果。加强立法保障，修订《上海市促进科技成果转移转化条例》，率先以地方立法形式明确界定成果转化净收入、高校直接对外投资方式等重大问题，建立了科技成果转化勤勉尽职制度。

3. 激发创新动力的收益分配有了新制度，尊重知识、尊重创新、让创新主体获益的氛围进一步增强

强化利益导向机制，使科研人员的收益与创新劳动挂钩。完善股权激励机制，开展股权奖励递延纳税试点，截至 2018 年年底，上海市共有近 70 户企业享受股权激励递延纳税或延期纳税优惠，仅上海理工大学太赫兹项目递延缴纳个税就超过千万元。促进技术类无形资产交易，率先建立了市场化的国有企业技术类无形资产可协议转让制度，探索实施非公开协议转让等交易新方式，国有企业技术类无形资产成交价值和速度明显提升。适当放开高层次人才薪酬总量限制，在科技研究、技术应用等 7 个行业类别中试点，按照"聚焦人才、限定范围、薪酬自主、经费自筹"的原则，超出部分不纳入绩效工资总量，进一步加大了对高层次人才的吸引力和激励作用。

4. 鼓励企业为主体的创新投入有了新办法，企业主体对创新投入的热情进一步增强

发挥金融财税政策对科技投入的放大作用，推动形成天使投资集聚活跃、科技金融支撑有力、企业投入动力得到激发的创新投融资体系。天使投资方面，一是加强财政引导，截至 2018 年年底成立了 20 亿元的天使投资引导基金，其中已有 8 亿元参股 35 家天使基金，带动社会资本 32 亿元；二是积极探索天使投资税收支持，允许将投向种子期、初创期的科技型企业投资额的 70% 抵扣当年应纳税所得额，2017 年全国首单天使投资个人所得税优惠案例成功落地，截至 2018 年年底，已有 17 户合伙创业投资企业完成税收抵扣。金融支持方面，开

展投贷联动等金融服务模式创新，有效缓解科技型中小企业融资难问题，截至
2018 年年底，上海市主要银行业金融机构累计为 549 家企业提供投贷联动服务，
累计发放贷款 212.74 亿元；上海股权托管交易中心创设"科技创新板"，截至
2019 年 10 月已有 223 家科技创新企业成功挂牌，其中已有 130 家次挂牌企业实
现股权融资额 17.95 亿元，204 家次企业通过银行信用贷、股权质押贷及科技履约
贷等实现债权融资 12.01 亿元。激发企业投入动力方面，实施新修订的享受研发
费用加计扣除优惠政策的高新企业认定标准，2019 年落实上年度加计扣除额同比
3 年前增长 86.1%，受惠企业数比 2018 年增长 64.5%；上海市高新技术企业享受所
得税优惠额比 3 年前增长 32.0%；实施高企培育工程，将准高企纳入高新技术企
业培育库，形成"发现一批、服务一批、推出一批、认定一批"的培育机制。

5. 创新人才发展政策有了新突破，培育、引进、使用和评价人才的环境进一步优化

按照"来得了、待得住、用得好、流得动"的要求，上海市制定实施人
才政策"20 条""30 条"等，着力打造创新人才高地。大力吸引集聚海外人
才，开展海外人才永久居留便利服务试点，率先探索海外人才永久居留的市
场化认定标准和便利服务措施，允许国外留学生毕业后直接在上海市创新创
业。2016—2018 年，上海市共办理外国人来华工作许可证 13 万余份，其中外
国高端人才（A 类）2 万余人，占比 18.6%，发证数量及引进质量稳居全国首
位；在上海市创新创业的外国人达 21.5 万人，位居全国首位。优化国内人才引
进政策，人才引进梯度政策体系基本形成，科研人员双向流动通道基本打通，
2016—2018 年，通过户籍迁入直接引进高层次人才和紧缺急需人才 2 万余人，
居住证转办常住户籍 3 万余人，新办居住证积分 13 万余人。完善科技创新专
业技术职称评聘办法，按工程技术应用开发、高新技术成果转化、基础研究等
领域实行职称分类评价，调整完善评审标准和评价要素，弱化学历、论文等指
标的权重，强化创新创造业绩评价导向。对科技创新业绩突出、成果显著的优
秀专业技术人才，不唯学历、不唯资历，可破格申报高一级职称。探索下放职
称评定权限到行业领军企业，将集成电路专业高级、中级职称评委会下放到龙
头企业上海华虹（集团）有限公司，组建涵盖集成电路设计、制造、封测和材

料设备等全产业链的专属评委会。2018 年，集成电路专业高级职称评委会共受理 23 人的职称申报，中级职称评委会共受理 148 人的职称申报，进一步完善了集成电路专业技术人才评价体系。

6. 推动跨境融合的开放合作有了新局面，创新要素的跨境流动便捷度进一步提高

充分发挥自由贸易试验区制度创新优势，营造更加适应创新要素跨境流动的便利环境。大力吸引境内外研发机构落户，制定实施支持外资研发中心参与科技创新中心建设的 16 条意见。截至 2018 年年底，上海市外资研发中心有 444 家，位居全国首位。探索外资股权投资管理新模式，吸引优质资本，促进人民币股权投资基金行业发展，引导境外资本深度助力上海产业转型升级和科技创新中心建设。截至 2018 年年底，上海市累计共有 23 批 64 家企业获得外商投资股权投资企业试点（QFLP）业务资格，试点基金总规模 113 亿美元，获批外汇额度 93 亿美元。获得投资的企业主要集中在医疗器械与生物医药科技、人工智能、互联网与信息科技等领域。加快国际知名孵化器和创投机构集聚，吸引了中以创新中心、中新创新中心、XNode、WeWork、英特尔孵化器、微软孵化器等一大批国际知名机构落户。推动各类研发创新机构全球布局，完成一批移动互联网、生物医药、集成电路等领域的境外并购项目，上海临港经济发展（集团）有限公司、上海张江高新技术开发区在海外设立分园，探索实践"全球孵化"，通过支持企业收购境外企业，取得核心技术或人才，把引进来的既有优势和走出去的阶段性成果形成有效的闭合循环。创新跨境研发监管模式，成立张江跨境科创监管服务中心，通关时间从 2 天缩短到 6~10 个小时。

（二）上海市全面创新改革试验的成效评价

立足服务国家战略和经济社会发展需求，上海市坚持前瞻引领和产业化方向，谋划布局了支撑科技创新中心的"四梁八柱"，自主创新能力显著增强。

1. 着力提升张江综合性国家科学中心的集中度和显示度，打造具有蓬勃活力和强大吸引力的自主创新高地

注重夯实基础，硬 X 射线项目开工建设，上海光源工程（二期）、超强超短激光实验装置、软 X 射线、活细胞结构和功能成像平台等光子科学设施建设进展顺利，全球规模最大、种类最全、综合能力最强的光子大科学装置集聚地初步成型。注重建强主体，高水平科研院所加快集聚，上海市政府和中国科学院共同挂牌成立张江实验室，将一批国家重大科技基础设施划转至实验室统一管理，探索运行管理、财政投入、用人制度、开放共享等新机制；李政道研究所、上海交通大学张江科学园、复旦大学张江国际创新中心开工建设，朱光亚战略研究院正式落户，国际人类表型组创新中心、量子创新中心、医学功能与分子影像中心建设加速推进。注重优化载体，落实推进张江科学城规划，建设科学特征明显、科技要素集聚、环境人文生态、充满创新活力的世界一流科学城。

2. 实施一批重大战略项目和基础工程，服务国家在若干重大关键领域实现从跟跑向并跑、领跑的历史性转变

强化国家战略导向，高水平创新成果加快涌现，在关键领域、"卡脖子"环节加大攻关突破力度，为蛟龙号载人潜水艇、天宫太空空间站、北斗卫星、天眼工程、墨子号卫星和大飞机等重大创新成果成功研制做出积极贡献，取得了基于体细胞核移植技术克隆猕猴、首例人造单染色体真核细胞、治疗阿尔茨海默病的世界级新药"甘露寡糖二酸（GV-971）"、10 拍瓦激光放大输出等重大成果，集成电路先进封装光刻机、刻蚀机等战略产品销往海外，高端医疗影像设备填补国内空白。瞄准世界科技前沿，先后启动硬 X 射线关键设备研制、硅光子、国际人类表型组、脑与类脑智能、拓扑量子材料、分子机器、智慧天网等市级科技重大专项；在全基因组蛋白标签、灵长类全脑介观神经联接图谱等基础较好的领域，上海市探索开展国际科技合作，为我国参与发起国际大科学计划开展前瞻性研究。

3. 搭建一批创新功能型平台和重要载体，加快科技成果产业化步伐

着眼于产业共性技术的研发转化，规划建设 12 家市级研发与转化功能型平台，其中面向重点产业领域的平台 10 家，包括工研院平台、生物医药平台、集成电路平台、石墨烯平台、智能制造平台、类脑芯片平台、机器人平台、低碳技术平台、工控安全服务平台、工业互联网平台；服务创新创业的平台 2

家，包括科技成果转化中心和科技创新资源数据中心。着眼于培育引领发展的创新型企业和高科技产业，建设一批科技创新中心重要承载区，并体现特色与优势。着眼于在全社会形成浓厚的创新氛围，大力推进大众创业、万众创新，截至 2018 年年底上海市各类众创空间孵化器超过 600 家，90% 以上由社会力量兴办，覆盖 38 万多名科技创业者；杨浦区、徐汇区、复旦大学、上海交通大学、上海科技大学、中国宝武钢铁集团有限公司、中国科学院上海微系统与信息技术研究所等 7 家单位获批全国"双创"示范基地，各具特色、富有活力的创新创业生态体系框架初步形成。

（三）上海市全面创新改革试验的问题与对策

1. 存在的问题

（1）政府在创新改革中的作用力略显过度，枢纽功能强而平台功能弱，各类创新主体容易产生"政策依赖症"。在全面创新改革试验中，上海市政府角色和"工作导向"突出，相关部门往往是从自身工作出发提出并集成改革举措的，而对"具有全球影响力的科技创新中心"这一顶层目标的回应力度相对较弱。政策对高端化、国际化创新主体和人才的倾斜力度较大，而在一般性创新主体和人才所需的普惠性环境培育上着力较小，在发展空间和机遇上形成了对后者的"挤出"效应，从而导致上海市社会创新和草根创业的氛围不如深圳市等地浓厚。在国家科学中心、功能型研发转化平台建设方面，"建设"的力度明显大于"改革"，更加强调在相关领域的"第一"，具有较为显著的政绩导向。新型研发组织等中介平台的资金来源主要依赖于财政投入，并较多地"以科研项目形式下达"，资金使用规定与平台建设与运行的特殊性之间存在着较大的矛盾，而且部分平台"受事业单位、国有资产管理等方面的限制"，市场化运营机制与核心服务能力亟待提升。①

（2）创新对经济发展的支撑力略显不足，创新主体往往是"自体供血"，贯穿整个创新链的"体循环"尚未成型。上海市高等院校和科研院所的前沿性

---

① 张仁开，周小玲，仨奔.上海功能型研发转化平台建设模式研究［J］.科学发展，2018（7）：5–15.

科研活动及科研成果所产生的"溢出"效应不足，创新成果转化率不高，对于创新链中后端的辐射带动作用十分有限，从高水平技术专利来看，2017年，全国PCT国际专利申请量为48882件[①]，上海市的申请量仅为2100件[②]，占4.3%，与其科技创新中心的地位不相称。在创新链中后端的企业中，国有企业资产规模占比过高；此外，外资企业也是"四分天下有其一"。各类企业大多设立了专门的研发中心，形成了"自循环"体系，对科研机构的依赖度较为有限。相对而言，上海市民营企业的创新资源较少、创新活力较弱、创新能力远逊于国有企业，发育程度也低于北京市、深圳市等地的企业，小微企业往往"在技术创新方面多倾向于投入少产出快的改进或采纳型创新"。"各类创新主体间需求的深度对接"有待进一步完善，"在对企业跨领域创新等创新新模式、新业态方面的制度规定上，上海的限制条件仍相对严格"，持续性的创新集聚效应与良性循环的创新机制有待进一步完善。[③]

（3）改革对长江三角洲区域的引领略显不足，点上突破未能实现"牵一发而动全身"，科技创新中心"神经中枢"的作用有待强化。上海市在创新改革中因循"分层试点＋逐级推广"的路径，将改革的经验从"小张江"逐步放大到"大张江"，改革的步伐较为稳健，呈现出"精致主义"特征，但是大部分改革措施局限在张江高科技园区，面上协同推进的局面尚未形成[④]，极有可能导致"政策洼地"效应。与京津冀地区相比，上海市周边的江苏省、浙江省等省份尚未承担起区域性创新改革任务，因此上海市的全面创新改革试验难以在长江三角洲地区这一更大空间内形成任务分工和利益分享机制。以张江综合性国家科学中心建设为例，在重大科技基础设施建设和运行方面，上海市未能充分吸纳和集聚长江三角洲地区的创新主体及创新资源，"城市之间重复投资现象

---

① 数据来源：国家知识产权局。

② 姜泓冰．上海加速融入国际专利体系［N］．人民日报，2018-04-18（10）．

③ 吴和雨．加快推进上海科创中心建设的路径探索：基于企业创新模式视角［J］．统计科学与实践，2017（12）：8-12．

④ 上海市人民政府发展研究中心课题组．上海自贸试验区与科技创新中心两大战略联动研究［J］．科学发展，2018（5）：5-13．

较为突出"[①]，行政区域的藩篱还未完全破除，导致创新要素"市场分割和碎片化问题的体制机制障碍"[②]仍然存在。如何将改革经验和创新成果进一步推广辐射到长江三角洲全域，诸如通过"建立柔性的人才流动机制"实现国际化高端创新人才在长江三角洲范围内自由流动和配置，"构建合理的税收转移机制和同城共享创新收益机制"实现成果跨行政区转移转化[③]，将区域要素市场一体化和创新空间一体化相衔接，发挥集成叠加效应，形成长江三角洲甚至是泛长江三角洲区域改革联动、创新联动、发展联动的格局，是上海市科技创新中心建设中必须面对的问题。

2. 对策建议

上海市应当加快推进全面创新改革试验各项改革举措落地，进一步形成更多可复制可推广的创新改革试验成果。进一步聚焦体制机制改革，解放思想、敢为人先，勇于探索，着力破解体制机制障碍，提高科研成果转化为现实生产力的能力和水平；进一步面向世界科技前沿、面向国家重大需求、面向经济社会主战场，多途径争取国家支持，加快重大科技基础设施、重大科技任务攻关等创新资源和创新活动的集中布局，着力破解创新发展的科技难题；进一步聚焦创新人才的切身需求，以人为本，尊重创造，强化激励，着力激发人才创新的内生动力。

（1）积极培育一批具有国际影响力的创新主体和载体，提升上海市科技创新中心的国际化水平。上海市创新资源高度集聚，创新活动十分活跃，应当紧抓国际科技资源，提升现有平台服务能力，引领开放创新发展，打造一批具有国际影响力的创新型领军企业、一批具有国际影响力的品牌型产品、一批具有国际影响力的高水平研究机构、一批具有国际影响力的原创性科研成果，形成国际科技创新集聚区的重要载体，汇集连通更多国际创新资源，营造良好的创新氛围，促进各方务实合作。通过加强国际创新合作集聚全球的高端资源，使上海市成为全球科技创新的引领者、全球创新网络的重要枢纽，推动中国与国

---

① 王振. 长三角一体化发展新趋势［J］. 上海经济，2018（3）：124–126.

② 同①.

③ 洪银兴. 在同城化基础上推进长三角区域一体化［J］. 上海经济，2018（3）：122–124.

际创新资源对接、合作。

（2）理顺科技成果转化的通道，提升原始创新对经济社会发展的引领作用。上海市亟须制定科技成果转移转化操作细则，打通科技成果转化的"最后一公里"。牢牢把握科技创新的规律及发展趋势，针对以往"有研发无技术、有技术无试验、有试验无业态、有业态无产业"的断裂式、碎片化的格局，致力于打造交互协同的创新链，使科技创新形成链式连锁反应与互动。探索高校和科研院所在科技成果转移转化时以事业单位法人身份直接设立或入股企业；加快实施促进科技成果转移转化的相关工作指引；加快出台针对国有企业技术类无形资产特点的相关管理办法，对协议定价机制等进行明确，解除对国有企业无形资产转移转化的束缚。

（3）发挥科技创新中心的引领作用，形成长江三角洲地区共建、共有、共治、共享、共赢的创新治理格局。聚焦"领先地位下降，影响战略资源集聚；生活成本过高，阻碍转向创新驱动"等困局，上海市必须要跳出"螺蛳壳"思维模式和习惯来建设具有国际影响力的科技创新中心，在继续向海外借力的同时，着力向长江三角洲这一更大空间借力，充分借助于其广阔的经济腹地、无所不在的创新网络及丰富的制造力和实用型人才，组建科研成果转化服务联盟、城市群产业园区联盟及制造业企业联盟，从而做大做实长江三角洲地区的创新生态圈，以此形成能与国际著名的城市群相媲美的，以制造业为核心，服务业、农业高度发达的上海城市群，并在各大城市毗邻区域形成长江三角洲区域产业集聚圈。

（4）深入开展人才政策试点，营造良好的人才发展环境。在出入境证件办理便捷化、缩短审批时间、创业团队外籍成员入境便利化方面进一步扩大试点。继续推进政府主导的公共租赁住房和共有产权住房建设，加大对草根型创新创业人才的倾斜力度，满足低成本居住需求；支持用人单位通过贷款贴息、房租补贴等形式实施人才住房资助计划；对高端人才和紧缺人才，返还部分个人所得税；在加强科研经费管理的同时，研究新的激励措施，提高科研人员常规收入。同时，尝试将企业家、投资家、创新服务领军人才等纳入各类人才计划，构建以鼓励创新为目标的人才评价机制，采取市场化方式举荐和评价人才，提高企业在标准制定和人才评价中的作用，承认科研人员的创造性工作，健全人才激励机制。

（5）推动科技与金融紧密结合，增强多层次资本市场对创新的支持。充分发挥上海股权托管交易中心科技创新板的作用，支持更多科技创新企业挂牌融资。加强政府引导，进一步发挥市场在配置创新资源中的关键作用，引导社会资本投向初创期企业。加强企业与各类产业发展基金的对接，充分发挥多层次资本市场的支持作用。在解决研发企业融资问题的同时，解决市场开拓问题，形成利益共享的生态圈，以企业为主导，注重企业自身"造血"功能的培育。结合上海市国有企业、国有研发机构比重大的特点，发挥传统间接融资模式的新功能，与天使投资、投资银行等直接融资模式互为补充，为金融支持科技创新开辟新路径。

（6）加强政策创新与落实，营造大众创业、万众创新的良好环境。建立创新容错机制，组织部门和纪检部门应当及时明确干部股权激励、"勤勉尽责"的细化规定，打消创新主体后顾之忧。继续营造鼓励创新、宽容失败的社会氛围，鼓励高校和科研院所开展"沉默式"研究，大力弘扬企业家精神，不断完善政策环境和服务体系，全面激发各类市场主体的创新创业热情，全面营造创业创新的良好环境。

（四）上海市全面创新改革试验评估总结

从上海市全面创新改革试验评估中可以发现，上海市的改革思路和改革举措呈现以下特点。

（1）形成科技创新与制度创新协同演进的全面创新改革格局。上海市牢牢把握全面创新改革试验的核心主旨，即"围绕率先实现创新驱动发展转型，以推动科技创新为核心，以破除体制机制障碍为主攻方向，加快向具有全球影响力的科技创新中心进军"，强调"始终坚持制度创新，牢牢把握可复制可推广的要求"，将科技创新和制度创新作为协同并举、相辅相成的两大改革任务；通过科技创新驱动制度创新，运用制度创新"松绑"科技创新，进而基于科技创新的进步为制度创新提供突破口，并立足制度创新巩固科技创新的成果，最终将二者有机结合，形成良性互动循环，发挥创新驱动发展的"乘数效应"。上海市牢牢把握科技创新的规律及发展趋势，针对以往"有研发无技术、有技术无试验、有试验无业态、有业态无产业"的断裂式、碎片化的格局，突出制度体系建设在全面创新改革试验中的先导作用，强调政策的协调性和推进的一致性，致力于打造科技创新和制度创新交互协同的创新链，形成链式连锁反应与联动。

（2）凝练国家战略与自身需求无缝衔接的改革试验目标框架。上海市已经确立了"具有全球影响力的科技创新中心"的目标，这是上海市自身发展过程中所产生的内在需求和必然选择。同时，国家依托上海市开展全面创新改革试验，贯彻落实党中央、国务院重大决策，推进全面深化改革，破解制约创新驱动发展的瓶颈，加快推进具有全球影响力的科技创新中心建设。因此，"具有全球影响力的科技创新中心"是在全面创新改革试验的宏观战略框架指引下，上海市基于内在发展需求自主确立的目标。上海市将国家宏观战略与自身发展需求进行有效融合、无缝衔接，形成系统化的长效改革路径，这对促进上海市进一步解放思想、大胆探索实践、实现重点突破、发挥改革创新示范带动作用具有重要意义。

（3）确立自主创新和开放创新相得益彰的立体化联动创新模式。上海市全面创新改革试验的目标定位于"具有全球影响力的科技创新中心"，而获得"全球影响力"是检验创新效果的一个重要标准。为此，上海市确立了自主创新和开放创新并行的改革举措：一方面强调自主创新，逐步加大基础研究投入的力度，增强知识产权保护的能力，创建便于创新融资的金融市场和能够提供支撑服务的创新服务体系；另一方面充分利用全球创新资源开展开放创新，逐步制定能够吸引优秀创新人才的人才政策，加强对引进技术的消化吸收再创新，充分发挥在上海市的跨国企业的溢出效应，提升本土科学技术成果的转化水平。

（4）突出分层试验和逐级推广有机结合的系统性政策创新路径。在上海市全面创新改革试验中，"试验"的性质得到了较好的凸显，尤其是发挥了张江综合性国家科学中心的试点示范作用。上海市立足国家战略，强调重点突破，集中各类创新资源，全力以赴推进张江综合性国家科学中心建设，促进改革试点率先在张江取得突破。同时，逐步确立了"小张江"—"大张江"—"泛张江"多层级联动的系统性政策创新机制，每一层级的改革举措都逐步整理、凝练，并在更高层级、更大范围内复制推广，进而基于改革成效逐级反馈、调整和修正，实现"小步快跑"的改革路径。

第七章

北京生命科学研究所绩效
第三方评估

　　根据党中央、国务院关于"建设国际一流基础生命科学研究所，探索科研体制改革，发展基础生命科学，实现跨越式发展"的重要指示精神，国务院授权，中共中央组织部牵头，科学技术部、北京市政府会同教育部、卫生部、中国科学院、国家自然科学基金委等部门共同组建北京生命科学研究所，以"出成果、出人才、出机制"为目标，旨在将北京生命科学研究所建设成为国际一流生命科学研究所。为全面系统评估北京生命科学研究所正式运行以来取得的进展与成绩、问题与挑战，2016年，北京生命科学研究所理事会研究决定采用第三方评估和组建国际专家评估委员会的方式对北京生命科学研究所10多年以来的绩效进行全面客观的评估，中国科协创新战略研究院为第三方评估的实施单位。

一、评估背景

　　21世纪初，生命科学发展势头持续迅猛，生物技术引领的新科技革命显现出巨大的发展潜力，很快将进入一个空前繁荣的新时期。北京生命科学研究所筹建于2000年，2004年投入运行，2005年12月正式揭牌成立，是具有独立法人资格的事业单位。截至2016年7月，北京生命科学研究所正式运行12年，已经建设成为一家拥有25个实验室、12个辅助中心，包括博士后和硕博士研究生在内 800 多名科研人员的现代化科研院所。北京生命科学研究所建所以来，在党中央、国务院的关怀和指导下，在理事会各成员单位的支持下，在北京生命科学研究所人的共同奋斗下，取得了世界瞩目的成绩，实现了"出成果、出人才、出机制"的建所目标。

在全面推进世界科技强国建设的背景下，北京生命科学研究所聚焦创建世界一流科研机构，力争持续产出一批重大原创性科学成果，成为引领国家科研机构改革的风向标，凝聚科研院所、高等院校、企业研发机构协同发展的价值共识，构筑"自组织、自适应、自循环"的创新共同体，探索协调（coordination）、协作（cooperation）、协同（collaboration）的"3C"运行模式，形成研学产融合式创新的"莫比乌斯环"，实现创新范式的战略转型，打造生命科学领域的世界科学中心和创新高地。

（1）出成果——形成持续稳定支持的资源配置方式。北京生命科学研究所实行特定拨款制度，经费支持长期稳定，实验室主任每年都可以得到稳定的科研经费。这种资源配置方式大大减少了科研人员申请经费的时间，使他们能够集中精力开展科学研究，产出了一批国际一流的高水平成果。

（2）出人才——形成"大 PI 小团队"的科研组织模式。北京生命科学研究所看重人才培育，实行与国际接轨的 PI 制，PI 制是国内新兴的一种科研组织管理模式，PI（实验室主任）是对所负责项目有主导权和指导权的人。北京生命科学研究所招聘的资深教授或博士后均为 PI，享有同等的资源和权力，独立负责整个实验室团队建设和科研活动开展。这种"大 PI 带小团队"的科研组织模式，具有专业化分工、协同式攻关、互补式发展的优点，有助于实现科研目标的精准定位、科研活动的高效运作，同时也吸引、凝聚、培养了一大批科研人才。

（3）出机制——形成"两头严、中间宽"的机构治理范式。北京生命科学研究所坚持以学术至上为价值导向，以学术治所为管理主线，弱化过程管理，强化质量控制，探索出一套"两头严，中间宽"的高效运行的体制机制。坚持"严选人、严考核"，选人上不唯出身、不唯学历、不唯论文，只看学术能力和创造潜力；考核上只讲原则，不讲情面，每 5 年对实验室主任进行一次国际同行匿名评估，实行"非升即走"的机制。北京生命科学研究所实行理事会下的所长负责制，所长具有所内人员、经费、设备使用的决定权，但不干预实验室的具体事务，将管理权限下放给实验室主任。实验室主任每年都有稳定的科研经费，可自主决定实验室的研究方向、经费使用和人员聘用，并根据自己的特长与兴趣自由选择研究课题，使科研人员能够有动力、积极地进行开创性科学研究。

二、评估方案

（一）绩效评估基本概况

绩效评估研究主要包括绩效定量评估指标体系的构建与分析、绩效定量评估方法的遴选与确定、绩效定量评估数据的收集与处理、绩效定量评估结果的比对分析。科研机构的绩效评估是对科研机构综合实力的评估，科研机构的综合实力是科研机构运作绩效和规模实力的综合体现。科研机构综合实力评估是科研机构管理的重要环节，是从研究水平与贡献、队伍建设与人才培养、开放交流与运行管理等方面对科技机构进行定性判断和定量分析的过程。对科研机构进行评估有助于提高科研管理工作的科学性；可以对项目、科研机构、科研人员等实现优胜劣汰，实现人力、经费和科研项目等资源的优化配置，从而最大限度地维护公众的利益。

从评估单元来看，科研评估主要包括 3 种：一是以学科为单元开展的评估工作；二是以被资助科研机构为单元开展的评估工作，主要包括对高校、科研院所科研产出的评估；三是以科研项目为单元开展的评估工作。

对科研机构的评估需要科学的方法支撑。目前常用的评估方法有同行评议法、文献计量法、经济计量法等。同行评议法是最常用的定性评价法，文献计量法是定量评价法中使用最广泛的方法。

（二）评估目的和基本原则

本次评估将以发展的眼光和国际的视角，对北京生命科学研究所建所以来的学术成果、人才培养成果、机制体制创新、文化氛围、国内外影响和外部支持政策等进行全面客观的评估；对建所以来的成功经验、存在的不足和面临的挑战进行分析和总结，为进一步促进北京生命科学研究所更快更好地发展、为促进我国科技体制改革提出建议。

评估工作将坚持专业性、独立性、客观性、针对性和国际性原则，紧紧围绕评估任务，加强顶层设计，积极构建与国际接轨的科研机构评价指标体系，以统计数据、问卷调查、实地访谈和案例分析为基础性数据来源，聚焦重点方面、重点问题、突出成绩、重点政策，将定性评估和定量评估相结合，实现以证据为基础的科学评估。

（三）评估依据和评估内容

1. 评估依据

一是《国家中长期科学和技术发展规划纲要（2006—2020）》《深化科技体制改革实施方案》，以及国家标准《科学技术研究项目评价通则》（GB/T 29900—2009）中对生命科学研究的有关要求；二是国家在北京生命科学研究所建所时提出的要求；三是《北京生命科学研究所章程》提出的要求。

2. 评估方案的制订

鉴于北京生命科学研究所在建所时的特殊目标和在国际上的影响力，参考国内外科研机构评估模式，制订适合我国国情和北京生命科学研究所可持续发展的评估方案。结合国内外科研机构评估模式，本次评估采用的评估模式为："国内准备＋国际评估""专业评估机构＋高层专家委员会"。国内准备是指国内专业评估机构负责本次评估的设计和实施，并为国际评估专家委员会准备评估所需的证据，国际评估是指国内外科学家组成的国际评估专家委员会在已有证据的基础上，结合自己的观察和国际比较，给出评估结论和提出建议。

3. 评估内容

（1）学术成就及国际影响和学术地位，包括原始创新的成效、对学科建设和发展的促进作用、主要研究成果在国际同行中的学术地位等，分析是否达到建所时国家提出的要求。

（2）人才培养的成效，包括杰出人才和领军人才、科研人才和后备人才及创新团队的情况，以此了解北京生命科学研究所人才队伍建设情况及与国内外同行比较的优势与不足。

（3）组织管理和运行效率，包括北京生命科学研究所的组织管理和运行，如人才的筛选、培养、使用和评价，经费的投入、使用和管理，专业技术服务配套和支撑等，以此了解北京生命科学研究所组织管理和运行方面的优势与不足。

（4）对国家和区域基础科学研究的影响和对经济活动的带动作用，包括北京生命科学研究所高端人才引进、专业技术服务平台建设、科技体制机制改革、政府对基础研究的支持方式、创新创业政策措施等带来的影响和带动作用，北京生命科学研究所人才流向国内其他机构对全国生命科学发展的促进作用等。

（5）政府在创办和推动北京生命科学研究所建设和发展中的作用和作为，包括政府支持北京生命科学研究所有关政策和措施的成效、国际社会对中国政府人才引进、基础研究等方面工作的看法的变化等。

（四）评估方式与方法

1. 评价指标体系构建及确定

梳理相关研究文献，吸收借鉴国内外机构绩效评估的研究经验，组织专家交流研讨，构建既符合科学标准，又符合北京生命科学研究所实际情况的评价框架（表7-1）。

本次评估采用文献分析法、头脑风暴法、专家访谈法3种方式，从已有文献，包括韩国政府研究机构的评价指标、公共科研机构投入产出测度指标体系，我国公共科研机构绩效评价指标体系、科研机构综合实力评估指标体系等中筛选出与机构绩效定量评估相关的评估指标，构建评估指标体系（表7-2）。该评估指标体系包括6个维度的17个指标。

表 7-1　评估框架

评估维度	评估要素（定量指标）	评估要素（定性指标）
学术成就	原始创新的数量；代表性的研究突破；高影响期刊论文占比	定位准确性；研究方向连续性；国际学术同行评价
创新贡献	承担国家项目增长率；主导国际合作论文占比；高端人才引进数量	社会经济中发挥的作用；国家重大需求中的贡献；对学科发展的贡献
队伍建设	队伍年龄、研究方向结构；创新团队数量及增长率	学术带头人作用
人才培养	领军人才和杰出人才数量；青年骨干人才培养数量；研究生培养数量	领军人才和杰出人才作用；青年骨干人才作用；研究生培养质量
运行管理	论文数量及同比增长率、年均被引率；发明专利占比及专利同比增长率；投入产出比；辅助人员数量	运行管理制度；国际同行评价的作用
外部支持	政府直接资助研究开发的费用；政府支持基础设施建设的费用	政府支持程度；国际学术界的支持程度

表 7-2　定量评估指标体系

评估维度	评估指标	注　释
学术成就	原始创新水平	发表论文数量、增速
	国际认可度	发表 SCI 论文数量、增速、论文年均被引率
	顶级期刊影响力	在 *Nature*、*Science*、*Cell* 等期刊发表论文数量、增速、占国内发表论文总量的比例
	国际化水平	作为主导与国际同行合作发表论文数量、增速、占发表论文总量的比例
创新贡献	发明专利获取能力	发明专利申请／授权数量、增速
	项目争取能力	承担国家／国际项目的数量、增速
	人才吸引力	高端人才引进数量
	专业认可度	获得国家奖项（发明奖、科技进步奖等）数量、增速

续表

评估维度	评估指标	注　释
队伍建设	队伍活力	45 岁以下（含 45 岁）科研人员占员工总数的比例情况
	创新团队建设水平	创新团队的数量、增速
人才培养	研究生培养成效	培养研究生的数量、增速、研究生获奖情况
	员工培养成效	人才计划获得数量、增速、占员工总数的比例
运行管理	运行服务水平	辅助人员数量、增速、占员工总数的比例
	经费使用效益	收支比
	运行成本	运行成本、增速、占总支出的比例
外部支持	政府支持	政府直接下拨的研发经费、占总收入的比例、政府提供的基建费
	其他支持	其他机构提供的非竞争性经费、占总收入的比例

2. 文献计量分析与比较分析

国际知名期刊上发表科研论文的情况是反映一个科研机构学术水平的重要指标之一。本次评估将运用文献计量学的方法，以北京生命科学研究所 2004—2016 年被 SCI 收录的科研论文为对象，对论文数量、论文被引情况、发表期刊的级别等进行统计分析；同时与国内外相同或相似领域的研究机构和高校的发表论文情况进行比较分析。

3. 问卷调查

依据评价指标体系，针对重点机构和重点人群，分类设计调查问卷。通过对北京生命科学研究所员工、学生、流动研究人员的问卷调查了解北京生命科学研究所的组织管理和运行情况，找出优势与不足；通过相关研究领域的全国学会向会员发放问卷，以及到清华大学、北京大学、中国农业大学、北京师范大学等机构向相关领域的研究人员发放问卷，了解国内学术同行对北京生命科学研究所学术成绩和社会效益的评价；通过向国际机构和国际专家发放调查问卷，了解国际同行对北京生命科学研究所的学术成绩和社会效益的评价。

4. 实地调研

依据评价指标体系，针对重点单位和重点人群，分类设计访谈提纲，分组执行调研任务。与北京生命科学研究所的理事会成员、所长、副所长、实验室主任等进行深度访谈，全面了解北京生命科学研究所建所以来的成绩、困难及发展需求和愿景。不同调研小组根据分工，赴清华大学、北京大学、中国农业大学、北京师范大学、中国科学院生物科学相关院所、相关政府管理部门等，与北京生命科学研究所发展紧密联系的利益相关者召开座谈会，开展实地调研。

5. 专项访谈

根据评估内容和资料收集情况，选择一些有代表性的科研人员、科技管理人员、主管部门及有关专家进行补充性专项访谈，以北京生命科学研究所学术成绩、人才培养成效、组织管理和运行成效、经济社会成效、政府支持成效为主题，深入了解各方看法，收集相关证据。

6. 案例研究

挑选北京生命科学研究所在"出成果、出人才、出机制"方面的突出成绩和亮点，通过资料收集、深度访谈，总结 3~5 个典型案例。

（五）评估的组织、实施及可靠性保障

中国科协创新战略研究院负责评估工作的总体组织，发挥相关全国学会的作用，集成科协系统的组织优势，动员两院院士、专家学者和专业评估机构参与，深入北京生命科学研究所及与北京生命科学研究所有紧密联系的国内外生命科学研究领域的重点高校、科研院所、科技社团、高新技术企业，以及有关政府部门开展实地调研、问卷访谈、文献计量分析，组织召开系列专题座谈会，收集数据案例，全面深入开展评估。

1. 成立评估领导小组

成立创新评估指导委员会，负责制定评估制度规范，讨论决定评估相关重大事项，提出指导意见；对审查过程中评估报告审查委员会有争议的重大判断或政策建议问题进行讨论并做出决定；研究决定其他有关重要事项。创新评估

指导委员会对本次第三方评估方案的总体设计、实施过程、评估结论及报告撰写等进行指导。

2. 成立评估团队

邀请生命科学研究领域的全国学会（中国药学会、中华医学会、中国微生物学会、中国细胞生物学学会、中国生物化学与分子生物学学会、中国生物物理学会、中国遗传学会等）参与评估工作组织实施、专家遴选推荐、实地调研安排、评估报告撰写等工作。邀请中国科学院科技政策与管理科学研究所、中国科学院大学、清华大学、北京大学、中国科学院情报文献中心等机构参与相关调查问卷和访谈提纲设计、数据整理分析、学术成果文献计量分析、评估报告撰写等工作。

3. 成立专家组

中国科协所属学会组织生命科学领域两院院士、国内外相关领域专家，以及科技发展战略专家、评估专家组成评估专家组，依照评估方案的要求，实施专业化评估工作，提交专家评议意见。

4. 设立评估工作办公室

中国科协创新战略研究院设立评估工作办公室，办公室根据评估需要设立若干工作小组，包括联系协调小组、资料收集与整理小组、数据分析与文献计量分析小组、国际联络组、报告起草组等。评估工作办公室具体负责研究制订评估工作方案、协调推进评估工作的实施、组织召开专题座谈会、收集数据案例、撰写评估报告，以及组织安排实地调研、访谈、座谈、研讨会、专题小组会等，起草评估报告初稿，定期发布《评估简报》。

5. 吸收专业评估机构参与

吸收中国科学院科技政策与管理科学研究所、中国科学院情报文献中心等专业评估机构参与评估方案的制订，进行数据表单和评估指标体系的设计，为评估过程提供技术支持。专业评估机构配合中国科协创新战略研究院对北京生命科学研究所提交的材料、调查数据和专家评议进行数据挖掘与分析，参与评估报告的撰写工作。

6. 服务承诺

严格按照评估服务技术规范，履行评估单位的义务、权利及责任，保质、保量完成评估服务。为维护国家的荣誉和利益，按照"守法、诚信、公正、科学"的准则执业，严格执行有关项目建设的法律、法规、规范、标准和制度，履行评估服务合同规定的义务和职责。坚持公正的立场，公平地处理有关各方的争议。坚持科学的态度和实事求是的原则，在坚持按评估服务合同的规定提供技术服务的同时，帮助被评估者完成其担负的建设任务，始终严把质量关，保证评估结论科学、可信。

（六）成果呈现形式

1. 综合评估报告

在深入调研及扎实的数据分析的基础上，形成《北京生命科学研究所十年绩效第三方评估报告》（中英文），主要包括建所以来的学术成就、人才培养成效、组织管理和运行成效、经济社会成效和政府支持成效，以了解其发展历程是否与建所目标———流人才、一流科研成果及形成可复制的一流研究制度相一致。

2. 政策建议报告

在综合评估报告的基础上，形成政策建议报告，通过中国科协报送国务院。

3. 专题报告

根据调研情况、数据分析结果和相关政策落实情况，针对北京生命科学研究所的学术成就及国际影响和地位、人才培养的成效、组织管理和运行效率、对国家和区域基础科学研究的影响和对经济活动的带动作用、政府在北京生命科学研究所建设和发展中的作用和作为5个方面，分别形成专题评估报告。

（七）项目管理

为保证北京生命科学研究所绩效评估第三方评估服务项目的顺利开展，中国科协创新战略研究院评估工作组及专家组制订完善的项目管理方案，从评估实施到评估报告提交进行严格管理。①制订评估方案时，与相关专家一同充分讨论具体实施的措施、办法、方案及进度管理；②对评估任务，分工明确到人，定期汇报进展情况，编制简报，创新评估指导委员会及时对研究情况及进度给出建议和指导；③对评估过程中收集的访谈纪要、问卷、文献、文件等数据资料进行分类整理和存档，以备后期使用；④定期召开评估团队座谈会及专家座谈会对评估工作进行跟踪和指导；⑤定期与技术人员和服务人员进行沟通，发现问题并及时有效解决；⑥对评估经费的使用严格按照规定执行；⑦在规定时间内完成评估任务及评估报告，按照实际情况及专家组建议对报告的撰写、关键问题的把握、重要建议的提出等进行全面考虑，提交反映实际、可参考、有价值的评估报告。

（八）工作过程

1. 评估前期准备阶段（2016年7月）

与北京生命科学研究所评估负责人对接评估工作，明确评估目的和评估内容及相关评估产出等事宜；成立评估工作组，研究制订评估工作方案；收集北京生命科学研究所相关评估材料，完成评估工作方案初稿；召开专家座谈会，修改确定评估方案。

2. 评估实施阶段（2016年8月）

评估实施具体分为3步。

（1）数据收集与分析。依据北京生命科学研究所提交的建所以来的项目总结、研究论文清单等相关材料，完成基础资料的采集、汇总整理和分析工作，形成数据分析报告、案例分析报告。

（2）专家评议。组织评估专家组依据数据分析报告，并通过实地调研、访谈和座谈会开展定性评估。

（3）撰写评估报告。评估工作组联合专家组和专业评估机构汇总定量评估与定性评估结果，启动评估报告的编制工作，继续补充数据和完善报告，直到符合质量要求。

3. 提交报告阶段（2016 年 9 月）

（1）向中国科协创新评估指导委员会汇报，修改完善评估报告。

（2）向委托方提交中英文书面评估报告。

4. 后期处理阶段（2016 年 9 月底之前）

在评估报告的基础上形成政策建议报告，通过中国科协上报国务院。

三、评估发现

（一）重大原创成果的产出高地

1. 发表国际一流的高水平学术论文

2004 年 1 月至 2016 年 7 月，Scopus 数据库收录的以北京生命科学研究所署名的论文共计 825 篇，被引次数为 227396 次，其中有 54 篇发表在 *Nature*、*Science* 和 *Cell* 三大期刊上。从发表论文的被引情况来看，与遴选的国内外 11 家对标机构[①] 相比，北京生命科学研究所已达到国际一流水平（表 7–3）。

（1）前 1% 高被引论文和前 10% 高被引论文位居国内前列。从 2004—2016 年全球范围内被引次数居前 1% 和 10% 的论文来看，北京生命科学研究所的影响力在国内领先。2013 年后我国生命科学领域科研投入和研发水平进一步提升，以北京大学生命科学学院为代表的国内其他同领域机构的论文数量也逐渐攀升。与对标机构比较，北京生命科学研究所在前 10% 高被引论文的表现要比前 1% 高被引论文的表现好。

（2）在 *Nature*、*Science*、*Cell* 上发表论文数量在国内领先且保持平稳。自 2004 年起，北京生命科学研究所在 *Nature*、*Science*、*Cell* 上发表论文 54 篇，与清华大学生命科学学院并列全国第一。从历年发表论文数量来看，北京生命科学研究所一直保持每年 3~5 篇的发文数量，2012 年发表论文数量最大，达到 10 篇（表 7–4）。

---

① 对标机构选择的标准：一是与北京生命科学研究的研究领域相似，二是在行业领域内有知名度，三是 Scopus 数据库中能找到完整信息。

表7-3 2004—2016年论文发表情况的国际对比

机构名称	论文数量（篇）	被引次数（次）	归一化引用因子	前1%高被引（篇）	前10%高被引（篇）	三大期刊发文量（篇）
布罗德研究所（Broad Institute）	5277	484198	5.83	1389	3400	519
欧洲分子生物学实验室（European Molecular Biology Laboratory，EMBL）	6525	375733	3.31	819	3038	334
格莱斯顿研究所（Gladstone Institute）	739	58176	4.16	156	472	46
索尔克生物研究所（Salk Institute for Biological Studies）	3664	40377	2.44	473	1896	251
怀特黑德生物研究所（Whitehead Institute for Biomedical Research）	1560	56498	5.25	436	1038	221
中国科学院上海生命科学研究院生物化学与细胞生物学研究所	1877	7783	1.19	66	433	28
中国科学院遗传与发育生物学研究所	2309	23232	1.67	103	778	24
中国科学院神经科学研究所	290	29843	1.46	9	108	11
中国科学院生物物理研究所	1293	6413	1.34	55	326	22
北京生命科学研究所	825	227396	2.25	78	377	54
北京大学生命科学学院	466	23192	1.88	35	166	9
清华大学生命科学学院	1196	237335	1.91	74	404	54

数据来源：爱思唯尔 SciVal 分析报告。

表7-4　在 Nature、Science、Cell 上发表论文数量的国际对比

（单位：篇）

机构名称	2004年	2005年	2006年	2007年	2008年	2009年	2010年	2011年	2012年	2013年	2014年	2015年	2016年	合计
布罗德研究所	10	16	20	23	24	25	44	48	56	55	78	74	46	519
欧洲分子生物学实验室	19	21	19	29	22	26	33	22	29	37	29	36	12	334
格莱斯顿实验室	0	2	0	2	4	8	6	2	5	2	11	2	2	46
索尔克生物研究所	18	20	18	18	19	20	24	21	28	15	14	26	10	251
怀特黑德生物研究所	15	16	14	14	18	16	14	26	18	27	16	20	7	221
中国科学院上海生命科学研究院生物化学与细胞生物学研究所	0	3	0	0	1	5	1	3	3	6	0	4	2	28
中国科学院遗传与发育生物学研究所	0	1	1	2	2	1	1	1	5	6	2	2	0	24
中国科学院神经科学研究所	0	3	1	2	0	1	0	0	1	1	1	0	1	11
中国科学院生物物理研究所	1	0	1	0	3	1	1	0	1	0	5	7	2	22
北京生命科学研究所	0	1	3	5	3	4	5	5	10	6	5	5	2	54
北京大学生命科学学院	0	0	0	0	0	0	0	1	3	4	0	1	0	9
清华大学生命科学学院	0	0	0	0	0	1	4	6	10	10	4	15	4	54

数据来源：爱思唯尔 SciVal 分析报告。

（3）发表论文关注度较高。2004—2011 年，北京生命科学研究所发表论文年总阅读次数 6000~9000 次，关注度在对标机构中排在第 3 名，位列布罗德研究所和欧洲分子生物学研究所之后；2012—2013 年，北京生命科学研究所发表论文的关注度略有下滑，2014 年以后，发表论文关注度又回到对标机构中的前 3 名。[①]

2. 取得国际领先的原创性科学突破

北京生命科学研究所建所以来，发表了一批国际一流水平的学术论文，在哺乳动物体细胞重编程的分子机理研究、重要病毒感染的分子机制及其防治研究、细胞死亡分子机理研究、病原细菌感染宿主和宿主先天性免疫防御的分子机制研究、生物学及药学应用中的重要大分子的结构与功能研究、哺乳动物处理奖赏与惩罚的神经环路机制研究等方面取得了国际领先的原创性科学突破。

本报告从北京生命科学研究所近年来发表的学术成果中精选出代表性成果作为典型案例进行详细分析，以反映北京生命科学研究所在生命科学领域的学术影响力。这些代表性成果的原创性科学突破主要表现在两个方面。在学术突破方面，上述成果均获得了国内外生命科学领域同行的高度好评，对该领域内相关学术研究的拓展与深入产生了重要而积极的影响。例如，李文辉关于 NTCP 与乙肝病毒和丁肝病毒的研究被学术同行们认为是病毒分子学领域的里程碑，将会对该领域内的基础研究和临床研究产生重大影响。在价值突破方面，一些成果获得了科技界和全社会的普遍认可，对提高全社会对基础科学研究工作的关注度发挥了积极的促进作用。例如，高绍荣关于四倍体补偿技术获得 iPS 小鼠的研究被美国《时代周刊》评选为 2009 年世界十大医学突破之一，高绍荣因该成果获得 2011 年度周光召基金会杰出青年基础科学奖；邵峰关于 caspases 炎症小体和细胞焦亡的研究分别被 Science Signaling 评为 2014 年度和 2015 年度的年度突破，同时分别被科学技术部评为 2014 年和 2015 年中国十大科学进展之一。

---

① 数据来源：爱思唯尔 SciVal 分析报告。

3.形成极具应用转化潜力的核心成果

针对部分有实用性和商业价值的研究成果，北京生命科学研究所积极推动专利化和产业化。截至 2016 年 7 月，从德温特专利情报数据库中可检索到以北京生命科学研究所署名的专利申请记录 27 条，其中授权专利 8 个，主要涉及将 DNA 分子拉成线状的装置及其应用、2- 环基氧或硫取代的羟基苯乙酮治疗新陈代谢疾病的应用、一种抗三聚氰胺的单克隆抗体及其应用、一种检测三聚氰胺的试剂盒及其应用、三聚氰胺结构类似物及其制备方法以及该方法中所用的中间体、衣原体蛋白酶体样活性因子的活性片段及其表达方法、辅助亚基 KChIP4 与 Kv4 钾通道相互作用的结构和功能位点的应用、一种使有丝分裂原活化蛋白激酶失活的方法等，形成了极具应用转化潜力的核心成果。

2016 年 2 月，王晓东和保诺科技公司（Bioduro）创始人欧雷强（John Oyler）共同创建的百济神州（北京）生物科技有限公司在美国纳斯达克上市，成为 2016 年第一家赴美首次公开募股的中国公司。李文辉团队继发现乙肝病毒及丁肝病毒功能受体后，正在分层次、滚动式推进乙型肝炎病毒及丁型肝炎病毒抗体药物、受体阻断药物及其他新型药物的研发，力争在最短时间内实现将基础研究成果向临床应用转化，其中抗乙肝病毒及丁肝病毒的人单克隆抗体有望在 2016—2017 年进入临床实验阶段。2014 年 10 月，在北京市科学技术委员会的支持下，北京首都科技发展集团有限公司投入 5000 万元人民币支持该项目的研发。北京生命科学研究所已就该项目成立项目公司——华辉安建（北京）生物科技有限公司。黄牛实验室开发和应用基于物理学原理的计算机辅助药物分子设计技术，研发了针对多种新药靶点的首创性新药先导化合物，有望在肥胖症及其他代谢相关综合征的临床应用方面取得突破性进展。

（二）杰出研究团队的孵化基地

2004 年正式运行以来，北京生命科学研究所吸引几十名处于科研上升期和高峰期的海外高级科学家全职回国工作，同时将研究生作为后备骨干科研人才培养，在人才培养和科研管理方面起到示范带头作用。

1. 造就高端领军人才和杰出青年人才

截至 2016 年 7 月，北京生命科学研究所培养 1 名中国科学院院士，7 位科研人员入选国家千人计划，3 位入选国家百千万人才工程（并被授予"有突出贡献中青年专家"），24 位入选北京市海外高层次人才引进计划，产生 4 位杰出青年科学家，2 位北京学者。在 2012 年霍华德休斯医学研究所（HHMI）国际优秀年轻科学家基金竞选中，中国有 7 位科学家入选，其中 4 位来自北京生命科学研究所。

2. 向国内外同类科研机构输送学科带头人

北京生命科学研究所鼓励人才流动，截至 2016 年 8 月，先后有 15 位实验室主任以教授或研究员的身份到国内外高校和科研院所任职，其中 1 人在国外大学，9 人在清华大学、北京大学等国内高校，5 人在中国科学院相关研究院所任职。这些科研人员在带动国内外科研院所生命科学研究水平的提升、推广北京生命科学研究所的科研理念、拓宽北京生命科学研究所科研合作机构和领域等方面发挥了重要作用。

3. 培养本领域后备骨干科研人才

截至调查时，北京生命科学研究所共培养研究生 696 人，毕业 398 人，在读 298 人 [①]。其中，有 10 人入选国家"青年千人"计划，8 人获得研究生国家奖学金，10 人获得吴瑞奖学金、4 人获得强生亚洲优秀生命科技研究生论文奖，5 人获得北京市优秀毕业生称号，2 人的毕业论文被评为北京市优秀博士学位论文。

北京生命科学研究所培养的研究生在毕业后多数仍从事生命科学基础研究领域的相关工作。其中，约 28% 选择去海外学习或工作，主要是美国的哈佛大学、斯坦福大学、加利福尼亚大学、约翰.霍普金斯大学及麻省理工学院等，以及德国、英国、瑞士、荷兰等欧洲国家的高校和研究院所；55% 留

---

① 2001—2003 年北京生命科学研究所初建期间，由于缺少有关研究生培养的制度规范和记录体系，实际培养研究生数量可能多于此统计数据。早期培养的研究生已经成为许多科研机构的骨干。

在国内科研院所、事业单位工作；约 10% 进入企业从事研发、市场开发或技术支持等工作。

（三）科研机构制度创新的改革"试验田"

1. 创新现代科研院所治理制度

北京生命科学研究所的章程规定，研究所实行理事会领导下的所长负责制，设理事会、科学指导委员会、所长和副所长，下设研究室和科研辅助部门。

（1）优化的理事会结构。在中共中央组织部的指导下，科学技术部、中央机构编制委员会办公室、国家发展和改革委员会、教育部、卫生部、中国科学院、中国医学科学院、国家自然科学基金委员会和北京市政府共同组建了理事会。作为决策机构，理事会的主要职责是确定研究所的发展方向，审批研究所年度工作计划和经费预决算，以及对研究和管理工作进行监督和考核等。北京市主管副市长担任理事会理事长，科学技术部有关司局负责同志和北京市科学技术委员会负责同志共同担任副理事长。理事会秘书处设在北京市科学技术委员会，负责协调北京生命科学研究所建设发展中的具体问题，并为科研人员的工作、生活提供有力保障。

（2）独立的科学指导委员会。理事会聘任国内外著名科学家组成科学指导委员会，为北京生命科学研究所的发展提供学术咨询，但不对科研工作预设计划，不提出成果数量、对地方经济社会发展的贡献等考核指标，不用行政方式干涉学术研究。

（3）所长负责制。所长全面管理研究所各项工作，向理事会负责；副所长协助所长工作。所长具有所内人员、经费、设备使用的决定权，但不干预实验室的具体事务，将管理权限下放给实验室主任。

（4）实行 PI 制度。实验室主任独立管理实验室，实行 PI 制。实验室主任可自主决定实验室的研究方向、经费使用和人员聘用，并根据自己的特长与兴趣自由选择研究课题，使科研人员能够有动力、积极地进行开创性科学研究。

（5）高效的科研辅助中心支撑。科研辅助部门为本研究所开展的科学研究活动提供支撑服务，主要任务是提供科研需要的各种公共技术服务，包括计算机与网络通信设施、公共设施（电力、空调、消防、建筑等）的日常维护保障、图书资料管理及专门技术服务等。

2. 实施全球招聘的选人引人制度

吸引国际一流人才是北京生命科学研究所发展的关键。北京生命科学研究所采用了与国际接轨的人才选拔模式，面向全球公开招聘，推行唯才是用的选才标准，这也拉开了国内科研院所实行国际公开招聘的序幕。

（1）所长的选聘。理事会发布所长招聘公告，并组建专家评审委员会进行评估、推荐，由理事会聘任。科学技术部批准所长任职资格。为了招聘到顶尖人才，理事会组织了包括5位诺贝尔奖获得者在内的23位国际一流的生物技术专家组成专家评审委员会，按照国际化程序，面向全球招聘人才。专家评审委员会从科研背景、学术交流、工作陈述、研究计划和发展潜力5个方面打分择优后推荐候选人，北京生命科学研究所再根据候选人的工作能否交叉支持所内现有人员工作、是否有益于全所的发展决定录取与否，最终聘用符合条件的人才。所长的任职资格主要是在生命科学领域有世界领先水平的研究成果，具有很高的学术造诣及很高的国际声望；在国际著名生命科学或生物技术研究机构担任研究室主任以上职务5年以上，具备领导国际水平研究所的管理能力，全职在研究所工作。

（2）实验室主任的选聘。实验室主任的选聘由所长负责，同样是面向全球公开招聘。一般是在 *Nature*、*Science* 等国际知名期刊上刊登全球招聘广告，北京生命科学研究所招聘委员会筛选候选人。筛选主要基于以下几个方面的考虑：①在全球范围筛选人才，不限国籍，不注重人才是否来自名校；②注重人才的学术成果；③注重人才的科研规划是否具有前瞻性、创新性；④国际一流的生物技术专家组成的专家评审委员会对人才的满意程度，如果是他们为自己团队招聘人才，是否接受这样的人才。基于上述条件和问题，专家评审委员会对候选人从各方面进行全方位严格评估。

3. 引入国际权威同行匿名评审制度

北京生命科学研究所采用了与国际接轨的国际小同行匿名评价制度，每 5 年评估一次。北京生命科学研究所把参评科研人员的研究进展以匿名方式交给 3~5 名该领域国际同行，评价时主要关注 3 个问题：这位研究人员凭过去 5 年的工作在你们学校能否得到提升？这位研究人员近 5 年研究是否对你的科研产生了影响？根据目前的发展势头这位研究人员能否成为该领域的领军人物？这样的国际同行评估的时间是 2~6 个月，评估结果会直接反馈给所长。对实验室主任第一个 5 年的评估，前 2 个问题必须通过；第二个 5 年的评估则要求 3 个问题都要通过。

4. 推行研究生培养的轮换制度

在研究生培养过程中，北京生命科学研究所借鉴国外先进教学经验，建立了轮换制度。轮换制度是很多国外大学理工科基础研究性专业普遍使用的一种制度，便于研究生选择实验室。北京生命科学研究所每个实验室的具体研究内容都不相同，轮换制度能够让研究生在不同的实验室进行体验，最终选择一个自己最感兴趣的实验室。学生轮换的过程，也是促进师生相互了解的过程，为双向选择提供了更多信息。

5. 注重开放合作的学术交流制度

科学研究的进步与学术交流和合作紧密相关。北京生命科学研究所鼓励科研人员开展各种形式的学术交流和合作。

（1）打造学术年会。从 2006 年开始，北京生命科学研究所实行每年一次的学术年会制度。年会期间邀请国内外相关研究领域的著名科学家作研究报告，同时所内的每个研究团队也会就其最新的研究成果通过学术报告或学术海报的形式进行交流。

（2）举办"请进来"的学术报告和学术会议。北京生命科学研究所积极组织学术报告或学术研讨会，鼓励研究人员与国内外同行进行交流。2005 年 1 月至 2016 年 7 月，北京生命科学研究所共举办学术讲座 724 场，每年平均 40~60 场。此外，北京生命科学研究所还积极组织大型国际学术会议，如 2007 年的第十八届国际拟南芥研究大会。

（3）"送出去"的短期访问与参加会议。多名博士后和研究生先后被派到国外著名大学开展研究工作或进行短期访问；同时北京生命科学研究所还支持研究人员参加国内、国际学术会议。

（4）合作发表论文。根据爱思唯尔提供的数据显示，北京生命科学研究所2004年1月至2016年7月发表论文825篇，其中367篇为国际合作论文，384篇为国内合作论文，国际合作论文比例与国内其他研究机构相比处于领先地位。

（四）学术价值至上的创新文化环境

1. 树立专心致志搞科研的价值导向

北京生命科学研究所所有实验室主任，不论资历深浅和学历高低，每年都可以获得相应级别的科研经费资助、同等面积的实验室及公共实验室的同等使用权。在稳定的科研经费支持下，科研人员不需花费时间和精力竞争所内科研资源，减少学术与行政管理结合产生不良之风的可能性，为研究人员创造了专心致志做研究的学术环境，体现了北京生命科学研究所科研文化的公平性。这种平等的文化也有利于促进实验室主任之间的科研合作。

2. 培育基于科研诚信的自由探索文化

每位实验室主任都有科研自主权，可以自主选择和规划研究方向，设计研究技术路线，自由支配科研经费和自行招聘科研人员，因而更尊重基础研究的科学规律，能够自由探索。所长不干预每个实验室的具体工作，只要每位实验室主任通过5年一次的评估即可。

3. 营造注重创新活力和创造潜力的环境氛围

北京生命科学研究所提倡实事求是、扎实工作、不断创新，反对急功近利、弄虚作假，评估标准不单看发表论文数量和影响因子，也不看重各种头衔，更注重研究成果的原创性、突破性和影响力。同时，研究所注重培养研究生理性、批判性的思维方式，破除对学术权威的盲目崇拜，营造了积极向上的科研氛围。

4. 秉承科研为先的管理服务理念

北京生命科学研究所的科研辅助人员和行政人员在工作和生活两方面为科

研人员提供全方位服务保障。设置科研辅助中心，管理大型科研设备，提供一个高效率、高水平的技术服务平台，使科学家能够专注于科研创新。所内设有试剂耗材的用品仓库，按照市场价格进行竞争性采购，低价优质的产品和服务为科研人员节约了经费和时间成本。在行政服务方面，建立"一站式"快捷高效服务，简化各种办事手续，节约时间。

四、评估总结

（一）思考

本次第三方评估以发展的眼光和国际的视角，全面客观地评估北京生命科学研究所建所以来的学术成果、人才培养、体制机制创新、文化氛围营造等方面的成绩与贡献，分析总结发展的经验、存在的不足和面临的挑战，为促进北京生命科学研究所稳步健康持续发展提出建议，为我国科研机构发展战略规划和评估导向调整提供参考。

1. 向知识增值为导向的成果产出方式转变

近年来，经济全球化进入了全球价值链主导的时代。全球生产网络及新一轮产业和工业革命引领的技术创新不断塑造出新能源、新材料、节能环保、生物医药和智能制造等新兴产业，引发了社会经济形态的深刻变化。生物医药产业与生命科学研究密切相关，中国已成为全球第二大生物医药市场。发展生命科学，创新生物技术，通过全链条创新的多元价值实现服务于物质生产、财富增长及社会的可持续发展已成为生命科学领域科研院所、企业组织的首要任务。面临新形势的挑战，科研机构只有转变单一学术导向的成果产出模式，实现科技研发、实验室技术、中试、应用技术、市场导入和产业化等价值链各环节的全链条衔接，才能实现科研成果的多元增值，进而推动研究院所实现新一轮升级和转型。

2. 向人才集聚为导向的创新组织模式转变

对于基础前沿科学研究，需要在重要学科方向和关键核心技术体系上集聚创新人才，进行开创性研究。北京生命科学研究所单一PI模式在过去的10多年中取得了成绩，但在国际生命科学领域研究发展的新趋势下，需要重新审视现有的科研管理模式，发展领衔科学家凝结创新团队进行定向研究的模式，形成创新团簇转变，推动不同研究单元形成具有鲜明的学科特色、互相支撑和互相促进的协同创新机制。这样的转变需要站在生命科学研究领域和产业发展国际前沿，从多个视角进行同时布局、联合攻关，以创新团簇为新的科研团队，实现团队组织模式上的倍增效应。只有进一步完善研究所科研力量布局，动态调整学科布局，才能有效避免同质化竞争，集中力量在国际前沿领域形成独有的竞争优势。

3. 向多元融合为导向的机构治理范式转变

北京生命科学研究所一直关注学术发展，并取得累累硕果。但是由于它的归属不够明确，加上被定位为体制外"试验田"，没有编制和级别，无法享受事业单位的福利待遇，这种特殊性为后续的发展带来了挑战。如何把自身的学术内驱动力和外部的力量紧紧结合将成为下一步发展的关键。一方面，研学产要一体化，更加重视基础学术的产业转化；另一方面，充分发挥理事单位的作用，理事会应制定有利于科研院所及实验室发展的政策并予以相应的资金扶持，从原来单一的学术治理范式，向学术内生驱动和外部牵引相结合的多元融合的机构治理范式转变。

（二）问题导向的核心政策建议

1. 探索融合创新的"研学产"模式

在全球化竞争日益加剧的今天，通过研学产的深度融合使高等院校、科研机构和企业的资源优势互补、实现科技成果的产业化及促进科技创新活动不断深入与扩展显得尤为重要。作为科技推动生产力提高、创新驱动发展的根本途径，科技成果产业化已成为科技创新价值链上各创新主体共同关注的焦点及提升综合影响力的必然选择。北京生命科学研究所建所初期的主要宗旨是以生命科学基础研究为重点，加强原始创新，增强生命科学国际竞争力，产出以学术论文为主。虽然高水平学术论文的发表为北京生命科学研究所赢得了较高的学术影响力和声望，但这种相对单一的成果产出模式也导致北京生命科学研究所目前的定位不能适应当前面临的新形势，这势必成为制约北京生命科学研究所综合影响力提升和可持续发展的不利因素。

因此提出如下建议：一是重新审视新时期北京生命科学研究所的发展定位和战略目标，并以此为依据调整现有治理架构，强化科学指导委员会的作用；二是注重研学产部门之间的网络构建，在基础研究方面建立与中国科学院、清华大学等国内科研院所和高校的协同项目研究、研究员交换、研究生联合培养等合作关系；在技术转移转化方面，让北京生命科学研究所继续当"试验田"，在继续坚持基础研究的同时关注成果转化，以《中华人民共和国促进科技成果转化法》等相关国家政策文件为依托，探索实现多元价值的"研学产"新模式。

2. 夯实联合攻关的"创新团簇"格局

过去10多年来，北京生命科学研究所采用的基于PI制的科研方式已被证明是以自由探索为主的基础科学研究的有效方式。但随着科学发展越来越多地依赖跨学科跨领域研究，多学科综合、渗透、交叉已成趋势，单一学科、小规模作坊式的科研组织模式已经不能满足科学研究的需要。与此同时，在世界范围内，科技创新与产业发展融合日益加深，推动科技成果转化和研学产协同发展，实现科技同产业无缝对接，不能只靠单一的PI制。打造研学产全链条发展，解决科技创新"第一公里"和"最后一公里"的问题，则需要多个实验室从不同视角，围绕重大选题，同时布局，联合攻关，以创新团簇为新的科研团队，实现团队组织模式上的倍增效应。

因此提出如下建议：一是加强科学指导委员会的作用，继续开展最尖端生命科学研究和开辟新的前沿领域；二是在目前PI制的基础上，建立一种创新组织机制，形成跨学科、跨领域、多部门的创新团簇，既保障每个基础研究团队的科研质量，同时也能推进多个实验室、多个部门协同创新，探索建立校所协同、所企协同、所地协同、国际合作协同等开放、集成、高效的创新组织新模式。

3. 构筑多元价值的创新共同体

10多年来，北京生命科学研究所在政府大力支持下、在北京生命科学研究所人共同努力下取得了丰硕的成果，在国内外产生巨大影响。但是其以学术为唯一价值导向而产生的机制和模式却在运转过程中产生了一些问题。一方面是获得经费不稳定。北京生命科学研究所一直以纯学术基础研究作为导向，部分技术成果尚处于转化前期，自身无法为基础研究提供经费支持。经费主要来自国家部委和北京市政府的支持，但在执行过程中，由于科研经费没有纳入科研预算，发生过经费断档的问题。另一方面，北京生命科学研究所作为体制外"试验田"，没有编制，没有级别，也缺少体制内相应的福利待遇，对研究人员的吸引力有限。

因此提出如下建议：一是从单一的学术共同体向价值共同体的治理范式转变，充分发挥理事单位的作用，同时与院校、企业、地方政府建立协同发展机制；二是理顺和优化北京生命科学研究所科研转化的政策环境，建议由理事单位联合出台相关政策，如减免税费或降低租金，吸引国外知名生物技术应用企业与北京生命科学研究所进行合作；三是对实验室主任和团队实行财政稳定预算型支持与竞争型支持相结合、以稳定预算型支持为主的资助方式，建议由科学技术部牵头，协调理事单位，保证北京生命科学研究所运转最基本的外部资金支持能准时到位，财政经费来源和调整机制制度化，并依据北京生命科学研究所的科研活动，辅以合理的预算结构；四是打通内部规定与外部规则连接通道，同时找到与社会的接口，使北京生命科学研究所员工在职称评价、子女入学等方面享受应有的福利待遇。

4. 打造怀特黑德生物医学研究所和约翰·霍普金斯大学医学院的联合体

美国怀特黑德生物医学研究所是一个小型非营利独立机构，隶属于美国麻省理工学院。其目标在于"建立世界知名、自治的研究机构，致力于通过基础生物医学科学研究提高人类健康水平"。目前，怀特黑德生物医学研究所在生物医学领域开辟的绘制干细胞回路、研究蛋白质折叠问题，探索发现更多RNAS等新的课题，都已经成为生物学领域新的研究方向。美国约翰·霍普金斯大学医学院是一所私立非营利性机构，自成立100多年来一直坚持临床、科研、教学三位一体均衡发展的宗旨，开创了世界上医教研紧密结合的发展模式，为现代医学教育、转化医学发展和高质量的医疗保健服务做出了巨大贡献。这两个机构在目标宗旨、专业发展和组织结构等方面与北京生命科学研究所具有相似性，很多经验可供参考和借鉴。

因此提出如下具体建议：结合怀特黑德生物医学研究所的基础研究模式和约翰·霍普金斯大学医学院医教研紧密结合的经验，打造联合体，实现创新范式的战略转型。一是继续加强基础研究，保持国际一流水平，抢占国际创新高地。充分发挥理事会和科学指导委员会作用，继续坚持所长负责制和 PI 制的管理模式，做好辅助人员的配置和使用，为科学研究的持续稳定发展提供有力保障。二是在注重学术创新的同时，加强学术成果的产业化，通过设立成果转化研究部门，打造科研成果转化通道和平台，加快科研成果向临床应用的转化速度。三是加强人才的培养和使用，一方面不断创新与高校的合作方式，通过设立相对稳定的联合培养机制，保障优质生源；另一方面注重研究人员的培养和使用，建立绩效激励机制，为整个产业链提供高素质的人才保障。

后 记

　　本书是中国科协创新战略研究院智库系列报告之一，旨在客观呈现近年来科协系统开展第三方评估工作，助力国家重大政策实施落地等方面的重要成就，深入总结经验，为进一步推进科协系统第三方评估工作提供有力支撑，为有关各方更好地开展高质量第三方评估工作提供参考借鉴。

　　本书由任福君和赵立新共同担任主编，赵正国担任副主编，由中国科协创新战略研究院创新评估研究所有关研究人员联合编撰完成。各章节撰稿人如下：绪论，任福君、赵正国；第一章，任福君、赵立新、赵正国、张丽、徐丹、王萌；第二章，张丽；第三章，邓元慧；第四章，赵正国；第五章，赵宇；第六章，董阳；第七章，顾梦琛、张丽。全书由任福君、赵立新、赵正国统稿，徐丹、梁思琪等参与校对。

　　本书参考了许多相关研究成果和中国科协相关报告，在此向有关人员和机构表示感谢！

　　本书是关于科协系统开展第三方评估工作的初步总结，尽管我们抱着十分严谨的科学态度来完成编撰工作，但由于编撰工作时间有限，另加上编撰者水平能力局限，本书部分论述和观点难免会有一些不妥之处，敬请广大读者批评指正。

《第三方评估（第一辑）》编委会

2021 年 12 月